반려동물 집밥 레시피

강아지와 고양이를 위한 자연식, 수제간식

하이펫스쿨

박영 story

15년을 함께 살아온 반려동물이 늙어가는 모습을 보는 것은 정말 안타까워요.

어렸을 때는 이불에 오줌도 싸고, 휴지통도 엎고 아침마다 이름을 부르며 하루 일과를 시작했었는데, 어느덧 이 아이가 나이 들어 움직이는 시간보다 잠자는 시간이 더 길어지고, 불러도 못들은 척, 몸이 무거워 움직이지 않는 모습을 보면서, 조금만 더 우리 반려동물과 함께 건강하게 시간을 보낼 수 있었으면 하는 마음으로 저희 하이펫스쿨을 찾아오시는 분들이 많습니다.

내 아이에게 좋은 것을 먹이고 싶고 입히고 싶은 부모의 마음처럼, 반려동물에 대한 마음이 사람을 대하는 것과 다르지 않죠. 우리 부모님들이 "밥이 보약이다." 하듯이, 정성담긴 엄마의 집밥이 밖에서 먹는 밥보다 더 든든하고, 배도 꺼지지 않습니다. 우리 반려동물에게도 영양학적으로 완벽하진 않지만, 엄마의 정성으로 만든 집밥이 건강을 지켜줍니다.

우리 집 밥상의 일상은요, 신랑과 나의 밥상을 차리고, 포비와 마니의 먹거리를 챙기느라 늦어진 저녁, 아이들을 먹이고 그제서야 한술 뜨죠. 가장 좋은 자연식은 내가 먹는 음식 재료를 우리 반려동물에게 함께 먹는 것이에요. 냉장고 안의 재료로 우리의 식사에는 간을 하고, 아이들의 식사에는 간을 하지 않고, 나는 소금 간을 해 계란프라이를 하면, 우리 아이들은 간을 하지 않고 스크램블을 먹입니다.

점심시간이 오면 "오늘은 뭐 먹지?" 먹는 즐거움으로 하루를 살아가는 분들도 계시지요. 우리의 반려동물은 매일 매일 똑같고 맛없는 사료를 먹고 있는 것은 아닐까요? 강아지, 고양이들도 오늘은 엄마가 뭘 줄까? 기대합니다. 반려동물의 품종, 체질, 나이, 활동량, 성격 등에 따른 맞춤 식이는 소화하기도 쉽고 맛도 있고, 건강도 지켜줍니다.

반려동물 자연식, 집밥을 처음 시작하시는 분들께 도움이 되는 책이 되었으면 합니다. 이 책이 나오기까지 함께 고생한 허지혜, 박슬기, 이승미 선생님과 우리 하이펫스쿨 수강선생님들께 깊은 감사의 마음을 전합니다.

하이펫스쿨 선생님들의 마음을 모아, 김수정

포비

실버푸들(5살, 3.4kg), 까탈쟁이 푸들 포비는 입도 짧고 입맛도 까다로워 잘 먹는 것보다 안 먹는 것이 더 많은 푸들이랍니다. 닭, 오리 등의 가금류를 좋아하고, 소고기는 갈거나 볶은 것은 먹지 않지만 생고기나 구운 고기는 잘 먹고, 연어를 완전 사랑하는 편식쟁이!

마니

비숑프리제(2살, 6kg), 닭, 계란을 먹으면 눈물이 펑 터지는 먹성 좋은 마니! 육류도 좋지만, 흰살 생선을 더 좋아하는 마니는 가끔 저녁 식단에 가자미 구이가 올라오면, 가자미 도둑질도 불사한답니다.

버키

비글(4살, 13kg), 양배추도 뜯어 먹고 뭐든 잘 먹는 버키! 단호박, 고구마를 섞은 자연식은 별로라 하는 버키는 생식을 아주 잘 먹는답니다.

마루

푸들(12살, 4kg), 강아지계의 최강 동안, 엄마바라기이지만 맛있는 집밥 앞에서는 엄마도 무용지물. 가장 좋아하는, 가장 싫어하는 집밥도 없는 마루의 건강비결은 규칙적인 식사!

건

푸들(1살, 2kg), 엄마와의 운명적인 만남 후 뭐든 금방 배우는 똑똑이. 먹는 것 앞에서는 그동안 배운 개인기를 대방출하고 편식도 안하는 먹깨비!

콩이

(7살, 5.8kg), 어릴 적 잘못된 식습관을 청산하고 최후의 수단으로 만난 집밥! 엄마가 만들어준 자연식이라면 밥 안먹는 콩이도 먹방스타!

01 반려동물 자연식, 집밥

반려동물 집밥 4

반려동물을 위한 급여방법 10

반려동물 필수 영양소 16

02 반려동물 집밥 레시피 : 수제건조간식

닭가슴살 육포 33

달걀 껍데기 파우더 35

닭고기 고구마 말이 37

닭고기 양플랩 말이 39

닭고기 황태껍질 말이 41

닭고기 단호박 말이 43

닭고기 파우더 45

오리안심 육포 47

오리안심 고구마 말이 49

오리안심 황태 말이 51

오리안심 황태껍질 말이 53

오리 단호박 말이 55

쇠고기 육포 57

소간 육포 59

소간 파우더 61

돼지고기 육포 63

연어 육포 65

연어 파우더 67

멸치 파우더 69

상어연골껌 71

두부스틱 73

우유껌 75

03 반려동물 집밥 레시피 : 자연식

닭가슴살 과일 김밥 81
코코넛 치킨 스파게티 83
닭찜 85
닭고기 달걀 스프 87
달걀 황태죽 89
달걀 표고버섯 주먹밥 91
두부 쇠고기죽 93
미니 함박 스테이크 95
아마씨 소고기죽 97
쇠고기 채소말이 99
쇠고기 감자 샐러드 101
오리고기 오므라이스 103
오리고기 단호박 스프 105
오리고기 볶음밥 107
비트 돼지고기 볶음밥 109
두부 스테이크 111
돼지안심 수육 113
흰살 생선 토마토죽 115
흰살 생선 채소 덮밥 117
흰살 생선 어묵 119
연어 아마란스죽 121
연어 고구마 밥 123
참치 볶음 쌀국수 125
두부 샌드위치 127
코코넛 고구마 스프 129
단호박 뇨끼 131
당근 두부 푸딩 133
브로콜리 월남쌈 135

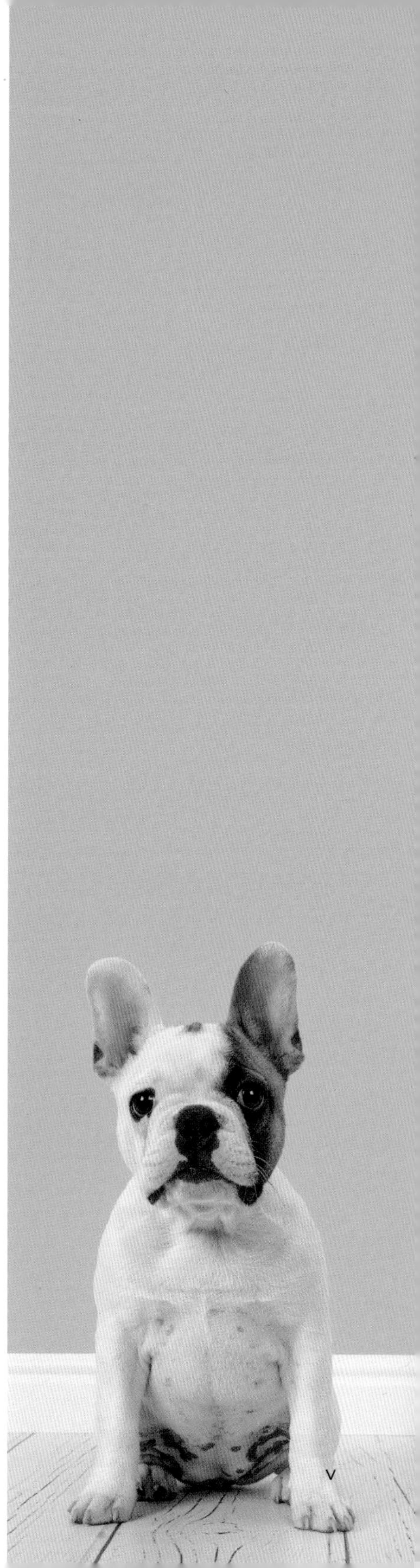

04 반려동물 집밥 레시피 : 베이커리

사과 쿠키 141
치즈 허니 쿠키 143
비트 닭가슴살 쿠키 145
파프리카 쿠키 147
시금치 당근 롤리팝 쿠키 149
아마란스 감자 머핀 151
옥수수 참치 머핀 153
블랙베리 치즈 머핀 155
황태 달걀 머핀 157
병아리콩 머핀 159
오리 시금치 머핀 161
당근 오트밀 머핀 163
쇠고기 캐롭 머핀 165
참치 브로콜리 머핀 167
바나나 코코넛 머핀 169
쇠고기볼 단호박 케이크 171
오리고기 케이크 173
애플 플라워 케이크 175
연어 피자 177
코티지 치즈 179
망고 아이스크림 181

정리하기

하이펫스쿨 182
참고문헌 189

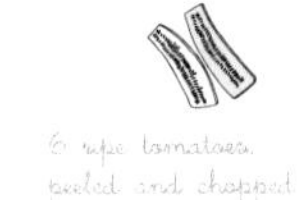

2 stalks celery,
chopped.

1/2 cup diced onion
1 pinch ground
cayenne pepper (optional)

01

반려동물 자연식, 집밥

Home made Food
for Companion Animal

1

반려동물 집밥

강아지 · 고양이 자연식, 수제간식

아직까지도 우리나라 반려인들은 반려동물에게 외국의 프리미엄 수입 사료를 많이 먹입니다. 사료회사들은 "영양학적으로 완벽한 균형"을 갖추고 있다고 예쁘게 포장해 광고하지만, 2007년 미국 전역에는 대규모 사료 리콜 사태가 일어났습니다.

우리가 프리미엄이라고 먹이는 사료들에 사용되는 원료에 정확히 어떤 고기가 들어가는지 어떤 곡물이 들어가는지 등의 명확한 내용을 알 수가 없습니다. 2007년 당시 사료에 사용되는 원료에 안락사 당한 고양이와 개의 사체, 병에 걸린 가축의 사체 등이 단백질 원료로 사용되고, 사탕무 찌꺼기, 땅콩 껍데기, 렌더링 공장 가축을 도축하고 남은 부산물에 필요한 것을 회수하는 가축재처리공장 바닥에서 쓸어 담은 톱밥 찌꺼기는 섬유소라는 이름으로 재사용된 사실을 알고 계신가요? 반려동물의 먹거리를 조금이라도 공부한 사람이라면, 식물의 찌꺼기는 반려견이 소화 시킬 수 없다는 것쯤은 쉽게 알 수 있을 텐데 말입니다. 또한 오염된 중국산 쌀 단백질과 밀 글루텐은 수천 마리의 고양이와 개를 죽게 만들어, 우리나라에서 밀은 절대 먹으면 안된다는 먹거리에 대한 선입견을 심어주기도 합니다.[1]

1) 출처: 앤 N. 마틴 · 이지묘 옮김, 『개 고양이 사료의 진실』, 책공장더불어, 2011.3.22.

건강한 먹거리에 대한 지속적인 관심은 사람들의 식단에서 뿐만 아니라 반려동물의 먹거리에서도 필요합니다. 보통 양약에서는 피부에 발진이 일어났을 경우, 가려운 곳을 잠재우는 약을 처방하고 왜 간지러움이 생겼는지의 근본적 치료가 빠지는 경우가 많습니다. 사람도 마찬가지지만, 반려동물도 먹는 것을 바꾸면 체질이 변합니다. 식이를 바꾼다면, 일부 질병의 증상은 쉽게 사라지기도 합니다.[2]

자연식의 장점은 신선한 재료로 조리, 식재료의 품질을 관리하고 반려동물의 생활 패턴이나 건강상태, 종에 맞춰 요리할 수 있고, 다양한 재료, 다양한 조리법을 통해, 반려동물에게도 먹는 즐거움을 줄 수 있습니다.

우리의 반려견들은 보호자의 식탁에 관심이 많습니다. 아이들은 보호자와 같은 음식을 먹고, 보호자와 함께 잠들기를 원하고, 함께 시간을 보내는 등 많은 것들을 공유하고 싶어하죠. 공장에서 만든 것이 아니라 내가 먹는 음식 재료로 만든 집밥을 우리 반려동물과 함께 먹으면 경제적이면서도 반려동물들과 공감을 공유할 수 있습니다.

"밥은 보약이지요." 우리 반려동물에게도 집밥은 보약입니다.

2) 출처: 박종무 지음, 『개 아토피 자연치유력으로 낫는다』, 리수.

다만, 우리가 사료회사처럼 오랜 연구와 검증을 통해 완벽한 식단을 짜기는 어렵습니다. 식품의 영양소 함량은 어떻게 재배했는지, 보관방법, 유통방법, 어떻게 조리되었는지에 따라 다르게 변할 수 있습니다. 사람 음식도 완벽한 영양 식단을 짜기 어려운데 하물며 반려동물의 식단 역시도 영양학적으로 부족한 점이 많겠지요. 그럼에도 불구하고 우리가 반려동물에게 자연식을 만들어 주는 것은, 정성과 신선한 재료가 부족한 부분을 채워줄 것이고 이는 반려동물에게 최고의 식단이 될 것입니다.

그러나 자연식 가정식의 최대의 단점은 반려동물들 각각의 기호도가 다르다는 것이지요. 편식의 위험도도 있고요. 우리 포비는 야채는 잘 안먹으려 하고, 소고기를 안 좋아하고, 돼지고기, 오리, 닭고기는 잘 먹고, 단호박은 안먹고, 고구마는 잘 먹어요. 냉장고 혹은 냉동고에서 오래 보관된 음식보다는 바로 조리한 따뜻한 음식을 좋아합니다.

우리 마니는요. 뭐든 잘 먹어요, 그런데 문제는 닭고기에 알레르기 반응을 일으켜 닭고기, 달걀을 먹는 날에는 눈이 붉게 충혈되고, 눈물을 계속 흘려 눈 주위가 붉게 물들죠.

고양이는 강아지보다 훨씬 까다로운 입맛을 가졌고, 강아지 역시도 좋아하는 음식만 먹고 더 맛있는 음식을 찾고 편식을 합니다. 강아지와 고양이는 구강구조가 다르기 때문에 강아지들은 딱딱한 간식도 잘 먹으나, 고양이는 보통 딱딱하지 않고 따뜻한 것에 높은 기호도를 보입니다.

반려동물의 식단은 식사와 간식을 구분하는 것이 좋습니다. 우리가 만드는 수제간식 육포(져키), 뼈를 말린 간식 등은 단백질이나 지방의 함량이 많아 밥처럼 먹으면 우리 아이들에게 단백질, 지방의 섭취가 과잉될 수 있기 때문입니다.

반려동물의 자연식 집밥을 준비할 때는 반려동물의 상태, 연령, 특이한 질병, 체질 등에 따라 적합한 먹이를 주어 단점을 최소화시켜주고 이를 반영하여 맞춤으로 제공해야 합니다. 우리 마니처럼 일부 식품에 알레르기 반응을 일으키면 그 식품을 제외한 다른 재료로 식단을 구성해야 하죠. 그리고 우리 포비처럼 편식이 심한 반려동물에게는 한 가지의 영양이 과잉되거나 결핍되지 않게 다양한 재료를 골고루 사용하고 다양한 조리법을 활용하여 새로운 맛에 대한 흥미를 심어주는 것도 편식을 줄이는 한 가지 방법일 수 있습니다.

반려동물 집밥을 준비할 때, 기본적인 영양학적인 지식과 사용하는 식품의 영양소, 조리법, 보관법 등의 이해도는 우리 반려동물과 보호자에게 건강한 삶을 오래도록 지속하게 도와줄 것입니다.

We are Family

편의점 도시락으로 끼니를 때우면서,
강아지에게는 정성으로 만든 자연식을 주곤 하죠.

그런데 많은 분들이 나도 소중한 것을 잊고 계세요.
반려동물과 함께 건강하고 맛있는 집밥을 즐겨 먹어요.

2

반려동물을 위한 급여 방법

강아지 · 고양이 급여방법

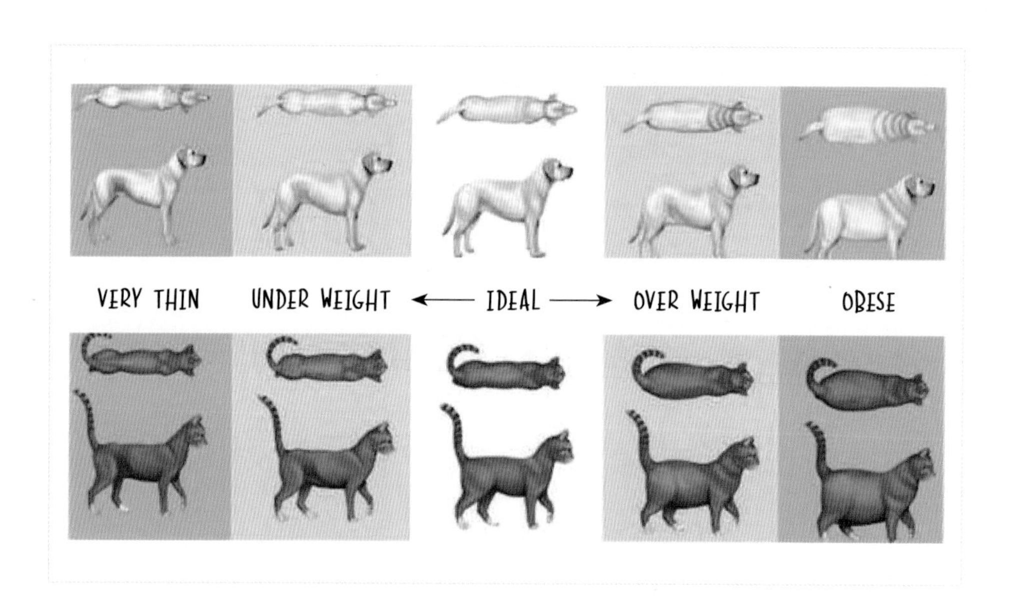

반려동물의 급여량은 개체의 차이와 생활환경, 건강상태, 날씨, 온도, 스트레스 등에 따라 다르게 급여해야 합니다. 급여량을 결정할 때 반려동물의 제일 이상적인 최적의 체

중과 몸 모양, 갈비뼈가 눈으로 쉽게 보이진 않지만, 피하지방이 늑골이나 척추, 골반을 얇게 덮고 있고 만져지는 정도의 몸매를 유지해야 한다고 봅니다. 강아지와 고양이 모두 위에서 보면 늑골 뒤로 허리가 잘록하고 옆에서 보면 배가 살짝 치켜 올라가 보이는 체형이 가장 이상적입니다. 집에 있는 우리 아이 몸매를 그림과 한번 비교해보세요.

보통 급여량 계산은 휴지기 에너지 요구량으로 계산합니다. 하루 중 우리 반려동물이 얼마나 움직이는지, 칼로리를 얼마나 소모하는지에 따라 급여해주셔야 합니다. 휴지기 에너지 요구량RER은 사람으로 하면 "기초대사량"입니다. 생명체가 체온을 유지하고 호흡하고 심장에서 펌프질을 해 몸에 혈액과 산소, 수분, 영양소를 공급하는 등 기초적인 생명활동을 위해 쓰이는 에너지를 말합니다.

휴지기 에너지 요구량 (Resting Energy Requirement; RER)

온도가 중립인 환경에서 휴식 상태의 동물이 소비하는 기본 에너지

RER (kcal) = 70 × (kg 체중)$^{0.75}$

RER (kcal) = 30 × (kg 체중) + 70 (2~48kg 의 체중을 갖는 동물)

유지 에너지 요구량 (Maintenance Energy Requirement; MER)

온도가 중립인 환경에서 활동하는 동물에 의해 사용되는 에너지

성장이나, 임신, 수유 등 힘든 일에 사용되는 에너지는 포함되지 않음

보통의 개라면 RER×2배를 급여, 비만은 1.0배, 비만 경향이 있거나 중성화를 한 경우는 1.6배, 운동량이 적은 반려동물은 1.8배 정도를 급여하는 것이 좋습니다. 고양이가 하루 동안 생활하기 위한 일일 에너지 요구량DER은 PER의 보통의 체중의 성묘는 1.4배, 중성화한 성묘 1.2배, 활발한 성묘는 1.6배, 비만성묘는 0.8배 정도로 급여를 합니다.

급여량은 반려동물의 하루 활동 칼로리를 기준으로 작성되나, 사람 활동에 따른 칼로리 계산도 어려운데 하물며 반려동물의 활동 칼로리를 측정하기는 여간 어려운 것이 아니지요. 밥에 들어가 있는 재료들도 같은 재료라 하더라도, 성장환경에 따라 저장방법, 조리방법 등에 따라 칼로리가 다릅니다. 반려동물 급여 시 가장 간단히 활용할 수 있는

강아지 연령	급여량	고양이 연령	체중	급여량
생후 6~10주	체중 6~7%	0~1개월	0.3kg~0.5kg	25~40g
생후 10~18주	체중 4~5%	1~2개월	0.5kg~1.5kg	40~50g
생후 18~26주	체중 3~4%	3~4개월	1.5kg~3kg	60~70g
생후 26주 이후	체중 2~3%	6~12개월	3kg~5kg	60~90g

방법은 구매하는 사료 뒤편에 적혀있는 사료용량법대로 급여하면 되지만, 자연식을 급여하면 이를 알기 어려우므로 몸무게를 기준으로 급여량을 결정하기도 합니다.

일반 사료라면 자유로운 급여가 가능하지만, 자연식의 경우에는 시간을 제한하여 급여하는 것이 좋습니다. 자연식은 아무래도 신선도가 중요하기 때문입니다. 반려견은 하루에 2번 정도 나누어 급여하고, 반려묘는 하루에 2~3번 정도가 적당합니다. 고양이는 강아지보다 훨씬 기호성이 많이 다른 편이고, 보통 딱딱하지 않은 따뜻한 식이를 선호하는 편입니다.

집밥을 만들 때 주의할 점은 식사와 간식은 반드시 구분해야 한다는 것입니다. 건조육포로 만들어지는 간식은 단백질 함량이 높아, 반려동물이 필요로 하는 영양소를 충분

히 제공해주지 못합니다. 음식의 과잉 공급은 불균형적 식이와 비만, 편식을 낳을 수 있고, 좋지 못한 식습관을 가질 수 있습니다.

급여량은 개체에 따라 다르고 환경에 따라 온도, 습도, 스트레스 등에 영향을 받으며, 마당에서 사는지, 방 안에서 사는지 혹은 생활습관과 건강상태에 따라 달라질 수 있으니 함께 생활하는 반려동물의 생활을 관찰하고 개개에 맞는 식이를 선택하는 것이 필요합니다.

반려동물의 식이를 관리한다는 것은 반려동물의 최상의 건강상태와 성장단계별 알맞은 식이를 주는 것을 의미합니다. 반려동물의 식이를 자연식을 통해 급여할 경우, 가능한 한 다양한 식재료를 통해 생활패턴에 맞는 적당한 식이를 주는 것이 중요합니다. 적당한 식이를 위해서는 음식 식재료에 대한 이해와 기본적인 영양학적인 기초에 대한 부분을 공부하면 도움이 될 것입니다.

56

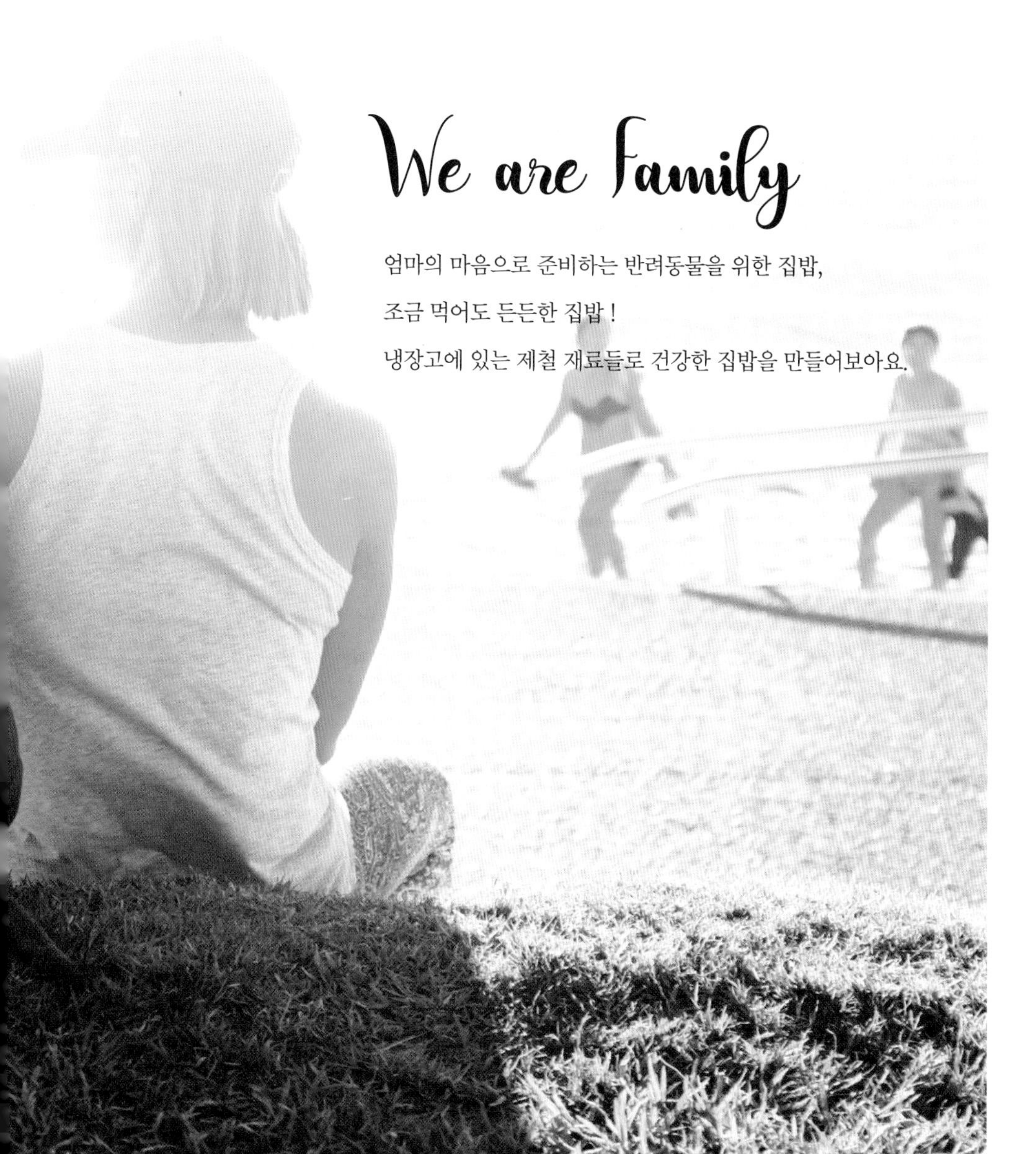

We are Family

엄마의 마음으로 준비하는 반려동물을 위한 집밥,

조금 먹어도 든든한 집밥 !

냉장고에 있는 제철 재료들로 건강한 집밥을 만들어보아요.

3

반려동물 필수 영양소

강아지 · 고양이 영양소

수분, 탄수화물, 단백질, 지방, 무기질, 비타민은 반려동물이 골고루 먹어야 할 필요한 영양소들입니다. 동물은 식이를 통해 음식물을 섭취하고, 소화하고 흡수하여 몸에 필요한 영양을 얻습니다. 자연식으로 영양학적으로 완벽한 식이를 제공하기는 매우 어려우므로 수분과 다섯 가지 영양소를 골고루 얻기 위해서, 고기, 생선, 달걀, 콩류, 채소, 과일, 우유, 유제품, 유지류, 곡물의 다양한 식재료를 활용하여 다양한 조리방법으로 식이를 제공하면 주는 즐거움과 먹는 즐거움을 제공할 수 있습니다. 최근에는 반려동물의 영

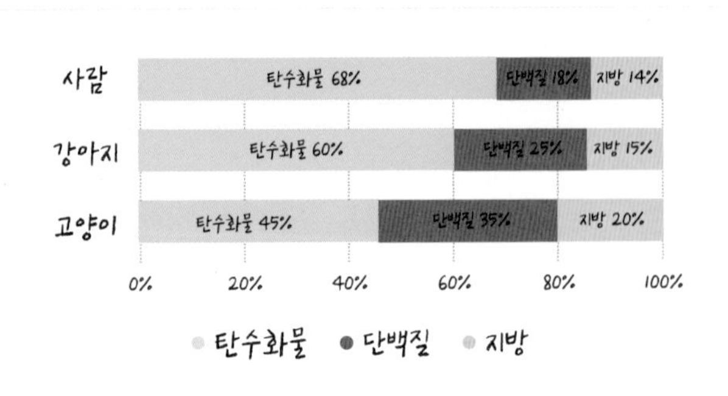

양이 결핍되기보다는 일부 영양소가 과잉되어, 몇몇 영양소를 부족하게 섭취하는 경향이 있습니다. 특히 기호도가 좋은 지방, 단백질 함량이 높은 식이를 먹는 경우가 많습니다.

탄수화물

일부에서는 탄수화물은 반려동물들이 먹으면 안 된다고 생각하는데, 그렇지 않습니다. 일반적으로 곡물만을 탄수화물로 생각하지만 고기나 채소, 과일에서 얻을 수 있는 식이섬유도 탄수화물입니다.

탄수화물은 기본 에너지원으로 사용되고 대장에서 운동을 활발하게 하고, 식이섬유는 소장에서 소화되지 않지만, 소화관 내에서 많은 영향을 미치고, 몇몇 독소와 결합하여 혈관으로 흡수되는 것을 막아줍니다.

일부 저가의 사료에서 사료의 부피를 키우기 위해 재료 중 가장 저렴한 곡물 탄수화물을 활용하는 경우가 있어 요즘 grain free사료를 많이 찾는 추세입니다.

강아지나 고양이는 사람보다 아밀라아제 효소가 적어 곡물을 소화시키기 어렵습니다. 특히 고양이는 췌장의 아밀라아제가 거의 나오지 않으므로 곡물 탄수화물의 비율을 줄이고 채소나 과일을 통해 탄수화물을 섭취하는 것이 좋습니다.

탄수화물 급원 식품 : 쌀, 감자, 보리, 밀가루, 콩, 고구마, 꿀, 과일류 등

단백질

단백질은 몸의 조직을 만들고 생명을 유지하기 위해 꼭 필요한 영양소입니다. 근육, 효소, 호르몬, 면역, 체액 균형에도 도움을 줍니다.

단백질은 체조직을 형성하기 때문에 성장기 동물이나 임신동물에게는 더 잘 챙겨주어야 합니다. 보호자와 함께 생활하는 반려동물의 경우 단백질은 결핍보다는 과잉이 많습니다. 단백질이 에너지로 이용되지 못하면 글리코겐으로 전환되어 체내에 저장될 수 있고, 몸에 축적되어 신장의 노화가 증가할 수 있습니다.

고양이는 개보다 훨씬 높은 단백질 요구량을 요하고, 타우린 성분은 개에게는 비필수 아미노산이지만, 고양이에게는 필수 아미노산입니다.

단백질 급원 식품 : 육류, 생선, 달걀, 콩류, 우유 및 유제품 등

지방

지방은 단백질이나 탄수화물보다 소화율도 높고 기호도도 좋기 때문에 반려동물이 선호합니다. 지방은 필수비타민과 필수지방산을 모든 세포에 공급해주기 때문에 꼭 필요한 에너지원입니다.

지방은 농축된 에너지원으로 사용됩니다. 단백질과 탄수화물과 비교했을 때 kg당 2.5배 정도의 에너지를 함유하고 있고, 먹은 만큼 소비하지 않으면 지방이 피하지방으로 축적됩니다.

반려동물에게 필요한 지방은 불포화지방산으로 오메가 6, 오메가 3로 식이로 급여해야 하는 꼭 필요한 지방산입니다. 강아지와 다르게 고양이에게는 아라키돈산도 필요합니다.

지방은 기호도를 좋게 하고 정상적인 번식과 상처 후 혈액응고 신체조직 내 혈액을 원활하게 순환해주고, 상처가 나면 나을 수 있게 관리하고, 단백질과 함께 반려동물의 피부와 모질에 도움을 줍니다. 집에서 보호받고 있는 반려동물은 지방이 과잉되지 않게, 부패 산화방지에 각별히 유의해야 합니다.

지방 급원 식품 : 가금지방, 어유, 고기지방, 버터, 각종 유지류 등

무기질, 비타민

무기질, 비타민은 뼈와 연골형성, 효소반응, 체액균형 유지, 혈액 내 산소운반, 정상적 근육 및 신경작용, 호르몬 형성과 같은 다양한 기능들을 수행하기 때문에 소량으로

필요하지만 꼭 필요한 영양소입니다.

자연식을 하는 반려동물의 경우는 무기질이나 비타민의 불균형을 초래할 수 있습니다. 일반적인 사료를 먹는 반려동물이라면 비타민이나 무기질이 부족할 일은 드문 편입니다. 무기질과 비타민은 과다 흡수되면 해로울 수 있고 흡수되지 않은 미네랄 비타민 등이 다른 미네랄 비타민과 결합하여 그것의 흡수를 방해할 수 있습니다.

무기질, 비타민 급원 식품 :

비타민 A: 간, 생선 간유, 달걀, 당근, 시금치, 토마토 등
비타민 C: 토마토, 양배추, 브로콜리, 파프리카 등 신선한 과일 및 채소
비타민 D: 햇볕만 쬐도 합성, 생선간유, 달걀노른자, 버섯 등
칼슘: 우유 및 유제품, 멸치, 디포리, 콩류, 해조류 등
철: 간, 녹색채소, 난황, 콩 등

강아지와 고양이가 먹으면 안되는 식재료

초콜릿 · 카페인

초콜릿에는 '테오브로민'이라는 성분이 이뇨작용과 혈관확장을 동반할 수 있어 조심해야 합니다. 반려동물이 카페인에 노출될 경우, 비정상적으로 심장박동과 경련이 있고, 구토, 탈수증, 복통 등의 증상들이 나타날 수 있습니다.

포도

포도의 어떤 성분이 반려동물에게 나쁘게 작용되는지 밝혀진 바는 없지만, 포도, 건포도를 먹으면 신부전이나, 구토, 설사, 혼수상태에 이를 수 있으니 조심해야 합니다.

자일리톨, 캔디, 껌

자일리톨은 사람에게 충치를 예방하고 건강을 위해 일부 식품에 설탕 대신 활용하는 새로운 천연소재 감미료입니다. 자일리톨은 치약에 들어가 있거나, 다이어트 음식에 들어가 있어 조심해야 합니다. 이는 반려동물에 혈당을 떨어지게 하고, 구토, 무기력증 등을 불러올 수 있습니다.

이스트를 넣은 발효 빵

이스트를 넣어 반죽한 빵은 반려동물의 소화기관에 가스를 생성해 통증을 주고, 위나 장에 무리를 일으킬 수 있습니다. 구토, 복부 통증, 무기력이 나타날 수 있습니다.

매운 채소 - 양파, 마늘(주의)

매운 성분의 채소는 반려동물에게 해를 끼칠 수도 있습니다. 양파류는 적혈구를 악화시키고, 활동성을 떨어뜨린다고 합니다. 마늘은 국내에서는 강한 독성을 가지고 있다고 급여하지 않으나, 외국에서는 기생충을 제거해주고 소화기능을 강화시켜준다고 하루에 한번 적은 양을 급여하기도 하지만, 주의해야 합니다. 물론 매운 맛이 강해 반려동물의 기호도는 떨어지는 편입니다.

참치캔

고양이에게 참치캔은 기호도가 정말 좋습니다. 참치캔은 염분을 가지고 있고, 보관용 오일이 많이 들어 있기 때문에 한 번 끓여 급여하는 것이 좋습니다. 참치캔만 많이 먹으면 영양실조가 걸릴 수 있으니 주의가 필요합니다.

날달걀의 흰자

닭농장의 환경이 그다지 좋지 않아 날달걀의 껍질에서 살모넬라와 대장균 중독의 위험이 있습니다. 특히 날달걀의 흰자만 먹으면 흰자에 이비딘이 비타민 비오틴의 결핍을 초래할 수 있습니다. 비오틴이 부족하면 모질이 손실되거나 성장이 부진할 수 있으니, 날달걀을 주실 때는 노른자와 함께 급여하시거나, 익혀서 급여하시길 바랍니다. 날달걀을 주실 때는 유기농 달걀을 주시는 것이 좋습니다.

익은 뼈(가금류)

가금류의 익은 뼈는 뾰쪽뾰쪽 깨질 수 있어 반려동물의 내장에 구멍이나 상처를 낼 수 있습니다. 가금류 뼈 이외에도 뼈간식을 많이 먹으면 변비가 생길 수 있으니, 주의해야 합니다. 고양이는 개와 구강구조가 달라 딱딱한 음식을 못먹으니 고양이에게는 딱딱한 음식은 금물입니다.

과일의 씨(주의)

자두, 복숭아, 배, 살구, 사과 등 씨가 들어있는 과일은 가능하면 씨 근처의 속 부분은 급여하지 않습니다. 과일의 씨 근처 속 부분에는 청산가리로 알려진 시안배당체를 함유하고 있어 반려동물이 현기증, 호흡곤란, 발작 등을 일으킬 수 있습니다.

오징어, 문어(주의)

오징어나 문어 등의 해산물은 반려동물이 소화시키기 어려운 식재료입니다. 설사나 구토를 일으킬 수 있고, 소화가 힘들어 위염 등이 발생할 수 있습니다.

반려동물을 위한 자연식 식재료

반려동물 집밥 레시피에서 주재료로 사용된 식재료에 대한 소개입니다.

닭고기[3]

닭고기는 지방이 적고 담백하여 반려동물의 간식, 자연식에 자주 쓰이는 경제적인 재료입니다. 닭고기는 양질의 필수아미노산의 함량이 소고기나 돼지고기보다 높고, 불포화 지방산이 많고 아라키돈산과 비타민 A도 많이 함유하고 있지만, 알레르기를 가진 반려동물에게는 급여를 주의해야 합니다.

가장 많이 사용하는 부위는 닭가슴살이고, 구입 시에는 살이 두텁고 윤기가 흐르며 탄력이 있는 것이 좋습니다.

니아신	나트륨	단백질	당질	레티놀	베타카로틴
11.20mg	65.00mg	23.10g	0.00g	0.00µg	0.00µg
비타민 A	비타민 B1	비타민 B2	비타민 B6	비타민 C	비타민 E
5.00µgRE	0.07mg	0.09mg	0.55mg	1.00mg	0.13mg
식이섬유	아연	엽산	인	지질	철분
0.00g	0.80mg	4.00µg	196.00mg	1.20g	0.70mg
칼륨	칼슘	콜레스테롤	회분		
255.00mg	11.00mg	70.00mg	1.00g		

달걀

달걀은 거의 모든 영양소를 포함한 완전 식품입니다. 필수 아미노산이 균형 있게 포함되어 있고 비타민도 많아 어느 동물에게 급여해도 좋은 식재료입니다.

다만 생달걀을 급여 시, 흰자는 꼭 익혀서 주세요. 피부나 털을 건강하게 도와주는 비타민 H 불리는 비오틴의 흡수를 막을 수 있습니다. 비오틴은 또한 혈구의 생성과 남성 호르몬 분비에 관여하고, 다른 비타민 B군과 함께 신경계 기능을 원할하게 하므로 생

---

3) 주로 사용된 주재료 영양성분표의 출처와 기준은 모두 다음과 같습니다.
출처: 쿡쿡TV(http://terms.naver.com/entry.nhn?docId=1993097&cid=48180&categoryId=48246)
영양성분: 100g 기준

달걀을 급여할 때는 노른자와 함께 급여하거나, 익혀서 급여해야 합니다.[4]

달걀을 구입할 때는 표면이 거칠거칠하고 무게감이 있는 것이 좋습니다. 보관은 달걀의 둥근 쪽이 가실이 있어서 세균에 노출되기 쉽기 때문에 뾰족한 곳이 아래로 향하도록 냉장 보관하는 것이 좋습니다.

니아신	나트륨	단백질	당질	레티놀	베타카로틴
0.60mg	135.00mg	11.40g	3.30g	87.00μg	0.00μg
비타민 A	비타민 B1	비타민 B2	비타민 B6	비타민 C	비타민 D
87.00μgRE	0.21mg	0.69mg	0.00mg	0.00mg	0.00mg
비타민 E	식이섬유	아연	엽산	인	지질
0.00mg	1.80g	1.30mg	0.00μg	185.00mg	8.30g
철분	칼륨	칼슘	콜레스테롤	회분	
1.70mg	148.00mg	52.00mg	475.00mg	1.00g	

쇠고기

단백질의 근원이 되는 필수아미노산을 많이 함유하고 있고, 식물성 단백질보다 높은 흡수율을 가지고 있어 저항력을 높인다고 알려져 있습니다. 철의 흡수를 높이는 비타민 B와 궁합이 좋고, 비타민과 풍부한 미네랄을 함유하고 있습니다.

반려동물 자연식, 수제간식에서 많이 사용하는 부위는 지방이 적은 홍두깨살로 지방함량이 거의 없어 육포로 활용하기 적합하고, 육즙이 진해 기호도가 좋습니다.

허벅 사태 여깃도 가장 지방이 적은 부위이고, 비타민 B군과 단백질이 풍부합니다.

다만, 한 연구결과에 의하면 가장 일반적인 단백질 알레르기 항원으로 강아지에게는 쇠고기가 36%로 상당히 높은 비율을 보이고 있으니 급여 시 반려견의 상태를 잘 확인해야 할 것입니다.

4) 출처: 파워푸드 슈퍼푸드(http://terms.naver.com/entry.nhn?docId=777222&cid=42776&categoryId=42783)

니아신	나트륨	단백질	당질	레티놀	베타카로틴
5.90mg	54.00mg	21.00g	0.20g	12.00μg	0.00μg
비타민 A	비타민 B1	비타민 B2	비타민 B6	비타민 C	비타민 E
12.00μgRE	0.07mg	0.19mg	0.39mg	1.00mg	0.20mg
식이섬유	아연	엽산	인	지질	철분
0.00g	2.81mg	3.70μg	165.00mg	14.10g	2.40mg
칼륨	칼슘	콜레스테롤	회분		
262.00mg	11.00mg	64.00mg	0.90g		

오리고기

오리고기는 단백질과 불포화지방산이 풍부하여 체중관리를 해주어야 하는 반려동물에게 좋은 식재료입니다. 닭고기보다 지방함량이 많아 고소한 맛이 기호도를 높입니다. 오리고기는 기력회복, 혈관질환을 예방하고 풍부한 아미노산이 피부 건강에 도움을 줍니다.

닭고기에 함유되어 있는 아라키돈산에 알레르기 반응을 일으키는 반려동물에게는 오리로 대체하여 급여하는 것이 좋습니다. 오리고기 구입 시에는 색이 선홍색에 가깝고 탄력 있는 육질을 고르는 것이 좋습니다.

니아신	나트륨	단백질	당질	레티놀	베타카로틴
5.30mg	74.00mg	18.30g	0.00g	22.00μg	0.00μg
비타민 A	비타민 B1	비타민 B2	비타민 B6	비타민 C	비타민 E
22.00μgRE	0.36mg	0.45mg	0.34mg	6.00mg	0.70mg
식이섬유	아연	엽산	인	지질	철분
0.00g	1.90mg	25.00μg	203.00mg	6.00g	2.40mg
칼륨	칼슘	콜레스테롤	회분		
271.00mg	11.00mg	77.00mg	1.10g		

돼지고기

돼지고기는 비타민 B_1이 많아 피로회복과 기력이 쇠한 반려동물에게 에너지를 북돋아줍니다. 비타민 A, E, B_2도 균형있게 포함되어 있어 튼튼한 몸과 뇌를 활발히 하는 판토텐산, 바이오틴, 비타민 B_{12} 등을 포함한 영양가 식품입니다

더위를 잘 타는 강아지에게 좋지만, 포화지방과 콜레스테롤도 함유하고 있어 기름이 적은 부위를 활용하고, 양이 과하지 않게 적정량을 급여하고, 적절한 조리법을 선택하는 것이 필요합니다.

니아신	나트륨	단백질	당질	레티놀	베타카로틴
5.70mg	58.00mg	21.10g	0.20g	5.00μg	0.00μg
비타민 A	비타민 B_1	비타민 B_2	비타민 B_6	비타민 C	비타민 E
5.00μgRE	0.56mg	0.16mg	0.57mg	2.00mg	0.29mg
식이섬유	아연	엽산	인	지질	철분
0.00g	1.80mg	6.00μg	187.00mg	16.10g	1.60mg
칼륨	칼슘	콜레스테롤	회분		
304.00mg	7.00mg	55.00mg	1.00g		

We are Family

엄마표 집밥, 반려동물의 자연식 섭취 시 최대 단점은 편식이에요. 강아지, 고양이마다 까다로운 입맛 때문에 좋아하는 것만 먹고, 매일 비슷한 식재료를 쓰게 된다면, 영양소가 편중될 수 있어요.

식재료에 대한 이해를 바탕으로 다양한 재료를 활용한 여러 가지 조리법이 우리 반려동물에게 영양의 균형을 가져다 줄 것입니다.

02
반려동물 집밥 레시피 : 수제건조간식

Home made Food
for Companion Animal

Home Made Food
for Companion Animal

01 닭가슴살 육포

• 닭가슴살 500g, 식초

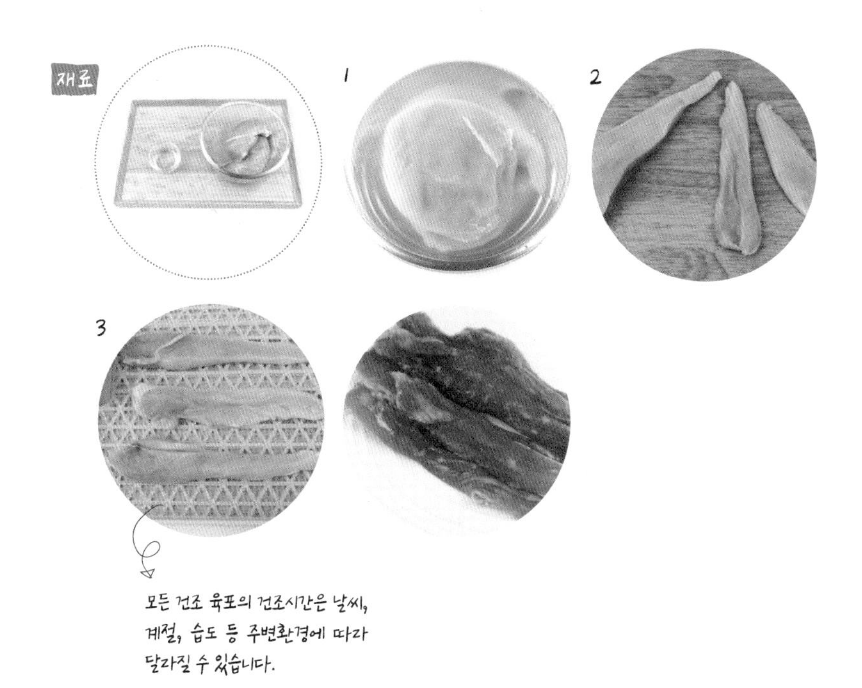

1 닭가슴살은 물에 식초를 넣어 30분 정도 담가 소독한다.
2 소독한 닭가슴살을 잘 씻어 물기를 제거한다.
3 닭가슴살은 지방 손질 후 0.5cm 두께로 썬다.
4 물기를 제거한 닭가슴살을 건조기 위에 나란히 올려, 70도에서 8시간 건조한다.

TIP

닭가슴살은 고단백, 저지방 식재료입니다. 당질의 대사에 빠져선 안 되는 비타민이 많이 함유되어 있지만 고양이에게 꼭 필요한 오메가6 지방산, 아라키돈산Arachidonic acid에서 발생하는 여러 가지 물질은 알레르기에 관계된 염증을 증강시키는 활동을 하기 때문에 알레르기 체질의 강아지는 주의하는 것이 좋습니다.

EGGSHELL POWDER

02 달걀 껍데기 파우더

• 달걀 껍데기 500g, 식초

1 달걀 껍데기는 식초물에 30분 담가 준 다음, 달걀 껍데기 안쪽의 하얀 막 부분을 벗겨낸다.
2 손질한 달걀 껍데기는 흐르는 물에 깨끗이 씻는다.
3 150도 오븐에서 10분간 구워준다.
4 분쇄기에 넣고 곱게 간다.

TIP

달걀 껍데기 파우더의 유통기한은 10일이므로, 소량으로 자주 만들어 사용하는 것이 좋습니다. 달걀 껍데기 파우더는 탄산칼슘이 많이 함유되어 있어 자연식 식이 시 보조제로 사용합니다. 달걀 한 개로 1티스푼 용량(약 1,800mg 칼슘)을 만들 수 있습니다.

CHICKEN & SWEET POTATO ROLL

03 닭고기 고구마 말이

• 닭가슴살 500g, 고구마 800g, 식초

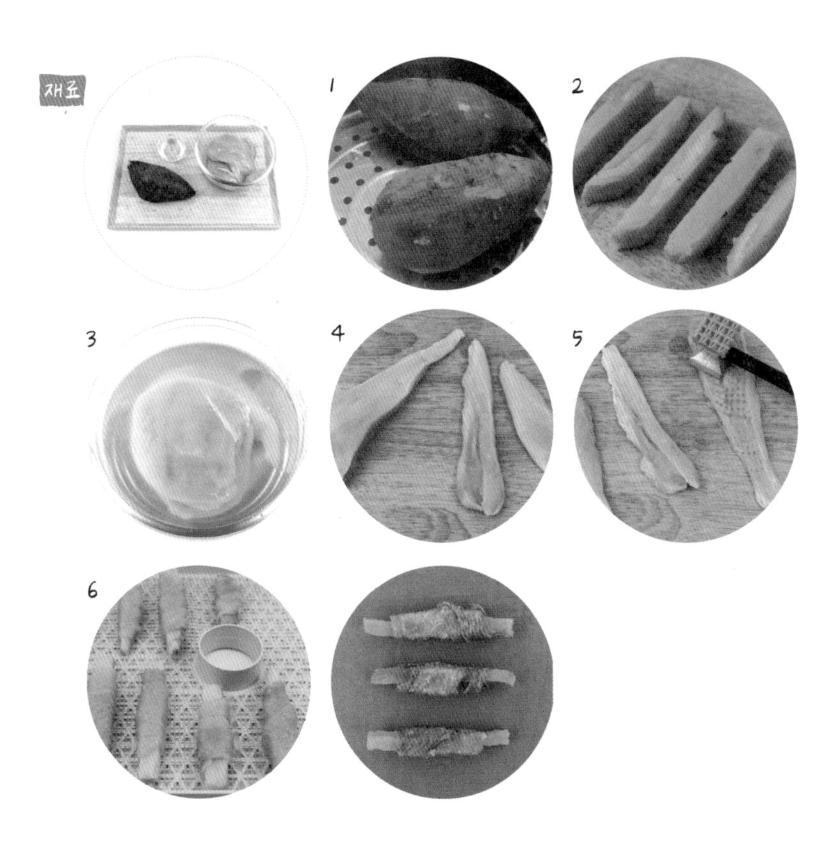

1 고구마는 깨끗이 씻어 통으로 찜기에 쪄준다.
2 찐 고구마는 한김 식혀, 껍질을 벗기고 스틱 모양으로 썰어준다.
3 닭가슴살은 식초물에 30분 정도 담근 뒤, 지방 손질 후 0.5cm로 썰어 물기를 제거한다.
4 닭가슴살은 고기망치로 잘 두드려 고구마에 말아준다.
5 말아놓은 재료를 건조기 위에 나란히 올려, 60도에서 9시간 건조한다.

TIP

닭고기 고구마 말이는 말랑하게 만들고 싶을 때는 55도에서 건조시켜 주고, 딱딱하게 만들고 싶을 때는 70도에서 건조시키면 됩니다. 닭고기를 말 때는 살짝 당기듯이 말아주세요. 고구마에 수분이 빠지면 말은 닭가슴살과 고구마가 분리될 수도 있습니다.

04 닭고기 양플랩 말이

• 닭가슴살 500g, 양플랩 300g, 식초

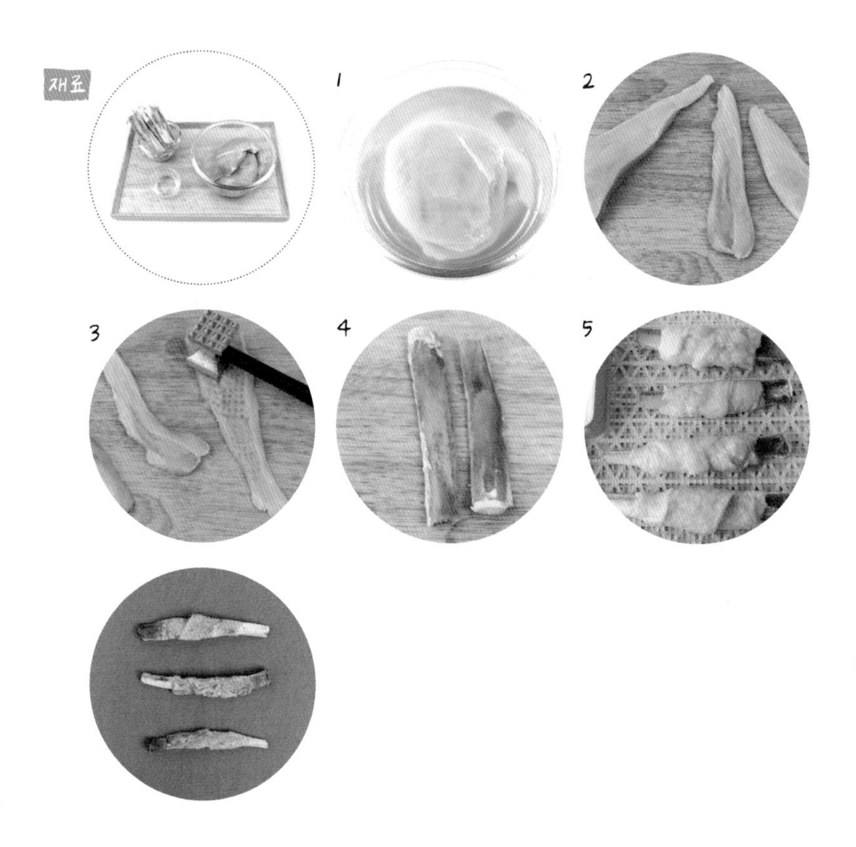

1 양플랩은 찬물에 30분간 담가 핏물을 제거한다.
2 핏물을 제거한 양플랩은 물기를 제거하고, 양플랩 양면의 지방을 제거한다.
3 닭가슴살은 식초물에 30분 정도 담근 뒤 지방 손질 후 0.5cm로 썰어 물기를 제거한다.
4 닭가슴살은 고기망치로 두드려 양플랩에 말아준다.
5 말아놓은 재료를 건조기 위에 나란히 올려, 70도에서 10시간 건조한다.

TIP

양플랩에서 나오는 기름은 건조기 고장의 원인이 되므로 깔끔히 제거 후 사용합니다.
양고기는 열량이 높아 기름이 적은 부위를 사용하는 것이 좋습니다. 양플랩에 붙은 지방도 가능하면 깔끔히 제거해줍니다.

05 닭고기 황태껍질 말이

• 닭가슴살 500g, 황태껍질 100g, 식초

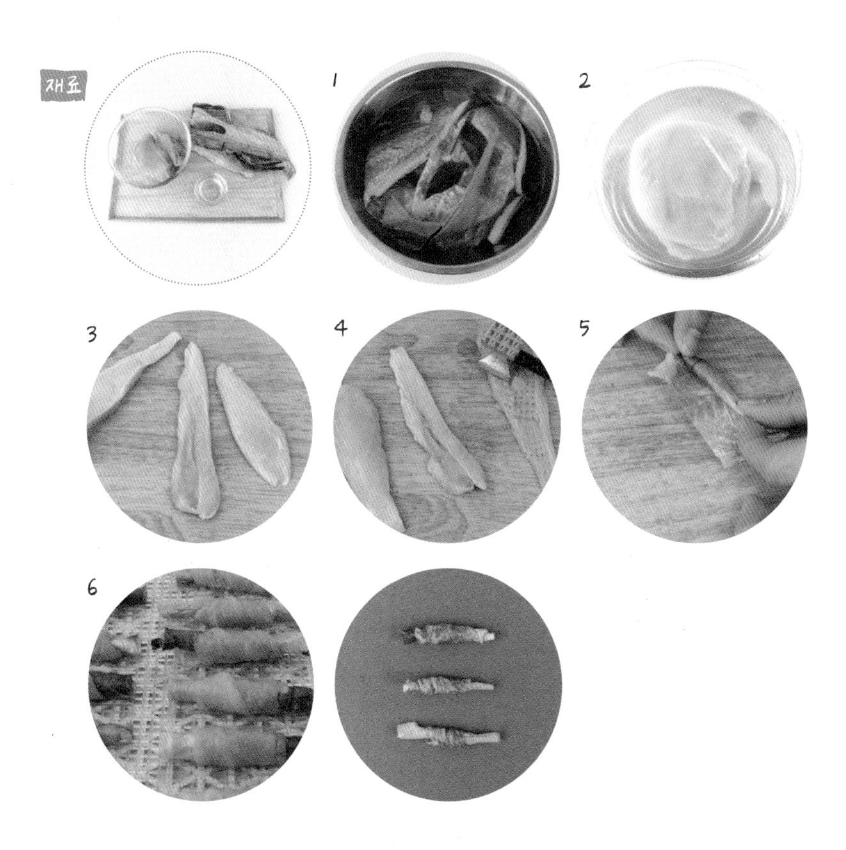

1 황태껍질은 물을 갈아주며 12시간 정도 불려준다.
2 닭가슴살은 식초물에 30분 정도 담근 뒤, 지방 손질 후 0.5cm로 썰어 물기를 제거한다.
3 황태껍질을 돌돌 만 다음, 닭가슴살은 고기망치로 두드려 만들어둔 황태껍질에 말아준다.
4 말아놓은 재료를 건조기 위에 나란히 올려, 70도에서 10시간 건조한다.

TIP

황태는 단백질과 필수아미노산이 풍부하고 칼슘과 비타민이 많이 함유되어 있어, 영양을 보충하고 기력을 회복하는 데 도움을 줍니다. 또 불포화지방산이 많아 콜레스테롤 수치를 완화시켜주는 효과도 있습니다. 특히 황태껍질은 콜라겐과 비타민 B, E가 많고 철분이 풍부해 빈혈을 예방하는 데도 도움이 됩니다.

06 닭고기 단호박 말이

• 닭가슴살 500g, 단호박 1kg, 식초

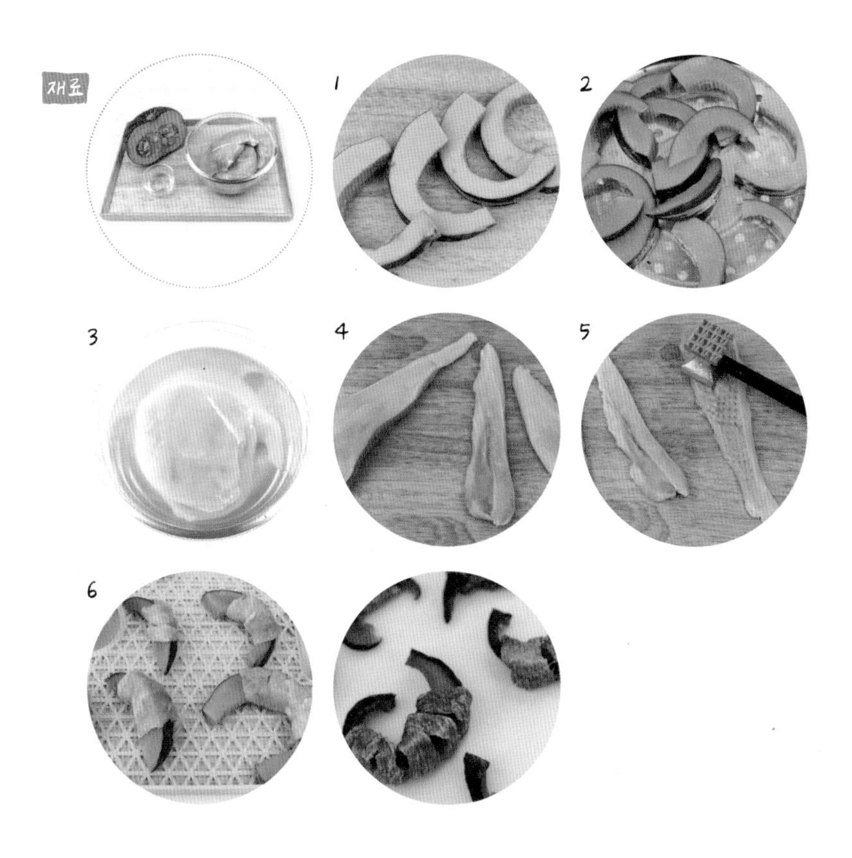

1 단호박은 깨끗이 씻어 껍질째 잘라 찜기에 쪄준다.

2 찐 단호박은 한김 식혀준다.

3 닭가슴살은 식초물에 30분 정도 담근 뒤, 지방 손질 후 0.5cm로 썰어 물기를 제거한다.

4 닭가슴살은 고기망치로 잘 두드려 단호박에 말아준다.

5 말아놓은 재료를 건조기 위에 나란히 올려, 60도에서 9시간 건조한다.

TIP

단호박은 껍질째 사용하므로 깨끗이 씻어 준비합니다. 단호박을 찔 때는 증기로 인해 물이 고이지 않도록 껍질을 아래로 향하게 해서 쪄줘야 합니다. 건조 간식을 만들 때 수분이 너무 많으면 만들기가 불편합니다.

CHICKEN POWDER

07 닭고기 파우더

• 닭가슴살 500g, 식초

1. 닭가슴살은 식초물에 30분 정도 담근 뒤, 지방 손질 후 0.5cm로 썰어 물기를 제거한다.
2. 닭가슴살은 고기망치로 잘 두드려 얇게 펴준다.
3. 닭가슴살을 건조기 위에 나란히 올려, 70도에서 12시간 건조한다.
4. 건조된 닭가슴살을 분쇄기에 넣고 곱게 갈아준다.

TIP

닭가슴살 육포를 만들 때보다 넓게 썰어 좀 더 바짝 말려주시면 가루가 더 곱게 나옵니다.
파우더류는 한 번에 많은 양을 갈기보다 2~3일 정도 먹을 양만 갈아서, 그때그때 활용하는 것이 좋습니다.

DUCK MEAT JERKY

08 오리안심 육포

• 오리안심 500g, 식초

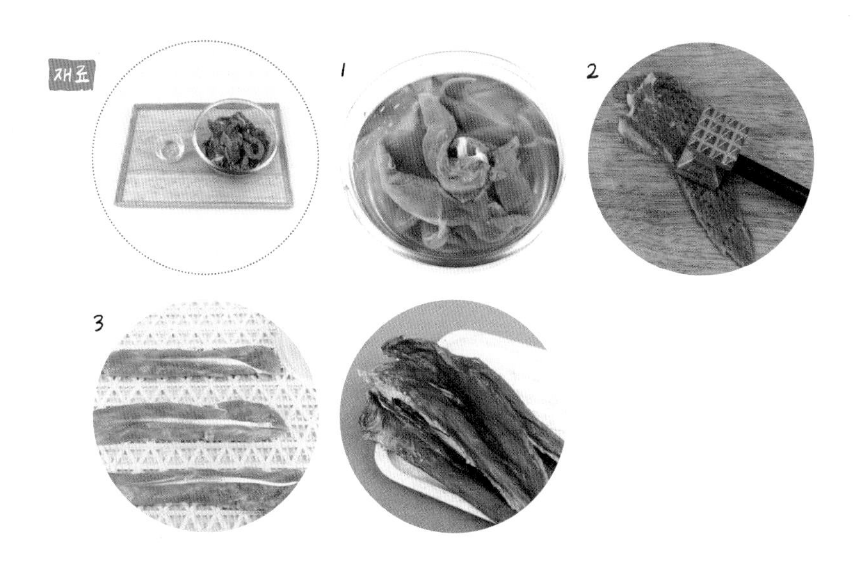

1 오리안심은 지방 손질 후, 물에 식초를 넣어 30분 정도 담가 소독한다.
2 소독한 오리안심을 잘 씻어 물기를 제거한다.
3 물기를 제거한 오리안심을 건조기 위에 나란히 올려, 70도에서 8시간 건조한다.

TIP

오리는 풍부한 아미노산을 함유해 피부에 영양을 공급하여, 피부건강을 지켜주고 불포화지방산이 많습니다. 닭고기에 들어있는 오메가6, 아라키돈산에 알레르기가 있는 강아지들은 오리로 육포를 만들어주면 좋습니다.

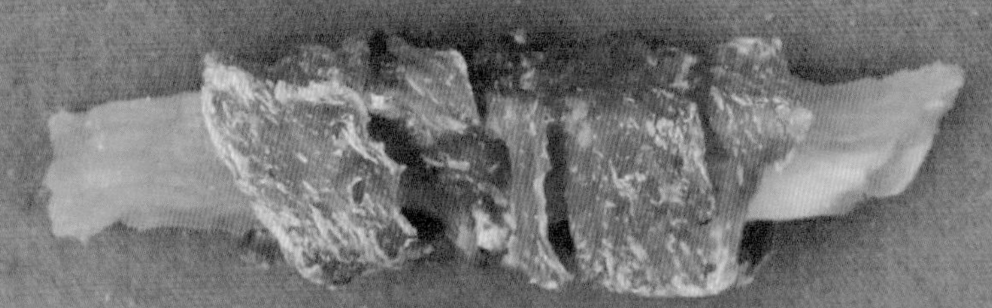
DUCK MEAT
SWEET POTATO

ROLL

09 오리안심 고구마 말이

- 오리안심 500g, 고구마 800g, 식초

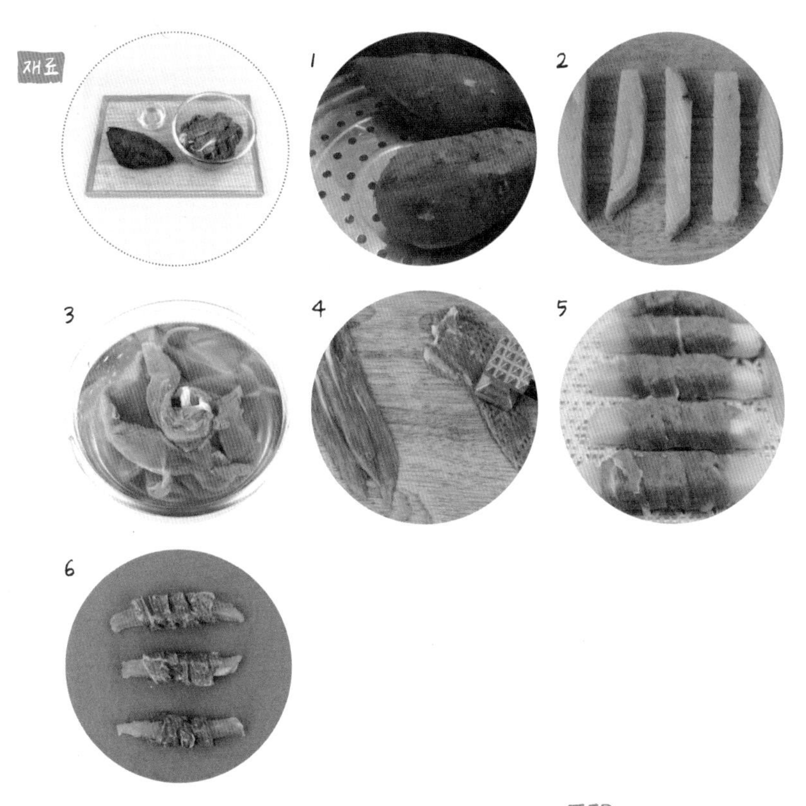

1 고구마는 깨끗이 씻어 통으로 찜기에 쪄준다.
2 찐 고구마는 한김 식혀, 껍질을 벗기고 스틱 모양으로 썰어준다.
3 오리안심은 지방 손질 후 찬물에 30분 정도 담가 핏물을 제거한다.
4 식초물을 만들어 30분 정도 오리안심을 소독한 다음, 물기를 제거한다.
5 오리안심은 고기망치로 잘 두드려 고구마에 말아준다.
6 말아놓은 재료를 건조기 위에 나란히 올려, 60도에서 9시간 건조한다.

TIP

고구마는 식이섬유가 풍부하고 전체의 60%가 수분이기 때문에 수분을 필요로 하거나, 특히 변비가 있는 반려동물들에게 좋습니다.
고구마는 냉해를 입는 식물로 실온보관해주세요. 겨울 고구마는 특히 더 잘 상하므로, 쪄서 냉동보관하시면 알뜰하게 이용할 수 있습니다.

10 오리안심 황태 말이

• 오리안심 500g, 황태 100g, 식초

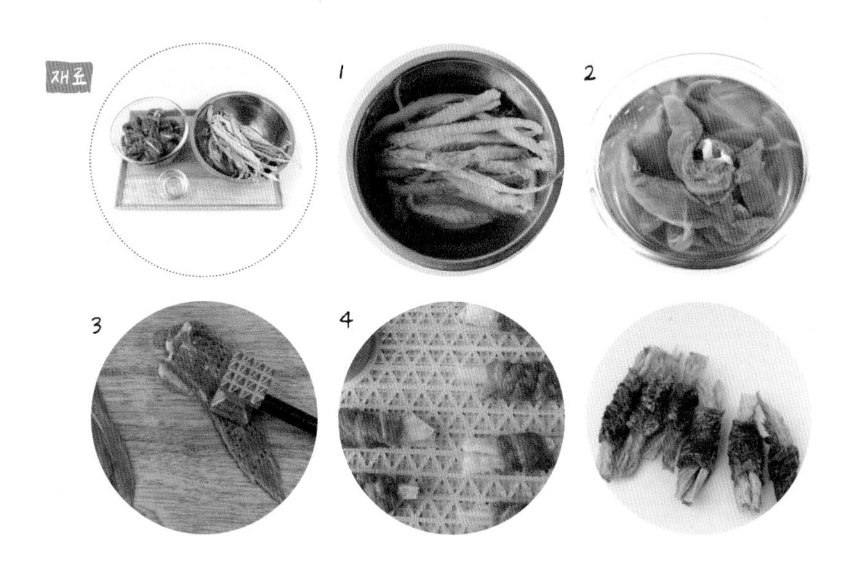

1 황태는 가시를 제거하고, 반나절 정도 물에 담가 염분을 제거한다.
2 오리안심은 지방 손질 후 찬물에 30분 정도 담가 핏물을 제거한다.
3 식초물을 만들어 30분 정도 오리안심을 소독한 다음, 물기를 제거한다.
4 염분이 제거된 황태는 다시 한번 씻어 물기를 꼭 짠다.
5 오리안심은 고기망치로 잘 두드려 황태에 말아준다.
6 말아놓은 재료를 건조기 위에 나란히 올려, 70도에서 10시간 건조한다.

TIP

황태는 찬물에 담가 염분 제거를 해주세요. 파우더로 활용하는 것은 가시를 제거하지 않아도 되지만, 강아지들은 많이 씹지 않고 꿀떡 삼키기 때문에 가시가 목에 걸리지 않게 육포 말이류의 황태는 꼭 가시를 제거하세요. 황태는 건조 이후 부스러기가 많이 납니다.

11 오리안심 황태껍질 말이

• 오리안심 500g, 황태껍질 100g, 식초

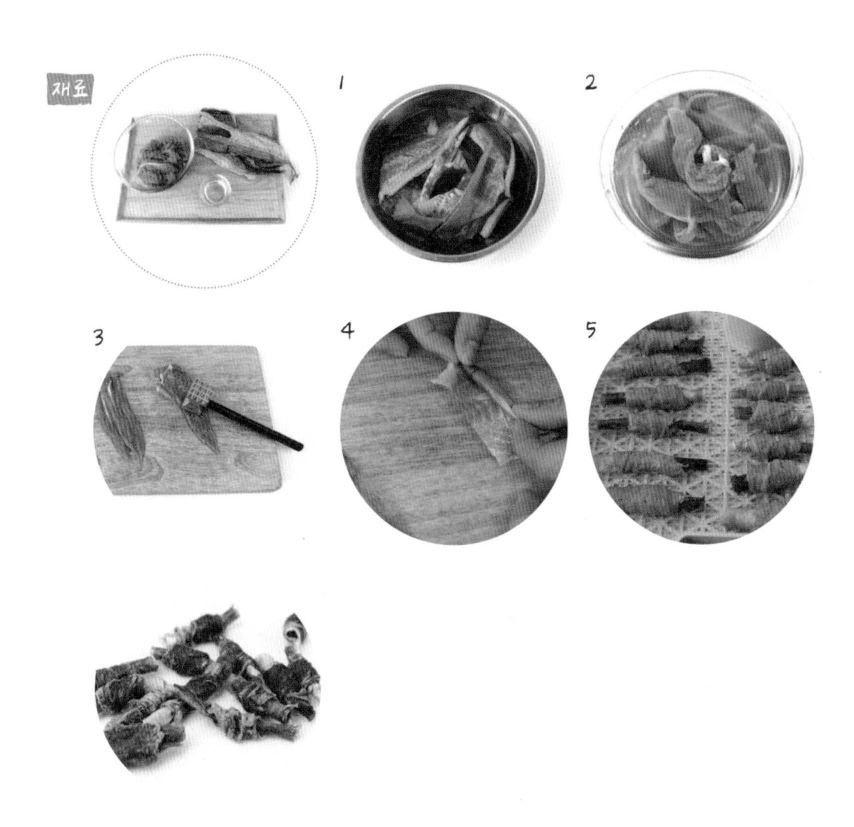

1 황태껍질은 물을 갈아주며 12시간 정도 불려준다.
2 오리안심은 지방 손질 후 찬물에 30분 정도 담가 핏물을 제거한다.
3 식초물을 만들어 30분 정도 오리안심을 소독한 다음, 깨끗이 씻어 물기를 제거한다.
4 황태껍질을 돌돌 만 다음, 오리안심은 고기망치로 두드려 만들어둔 황태껍질에 말아준다.
5 말아놓은 재료를 건조기 위에 나란히 올려, 70도에서 10시간 건조한다.

TIP

직접 황태를 사서 껍질을 벗기면 양이 많지 않아요. 황태껍질은 시중에서 판매하는 제품을 구매해도 좋습니다. 황태와 마찬가지로 물에 담가 염분을 제거해주세요.

12 오리 단호박 말이

- 오리안심 500g, 단호박 1kg, 식초

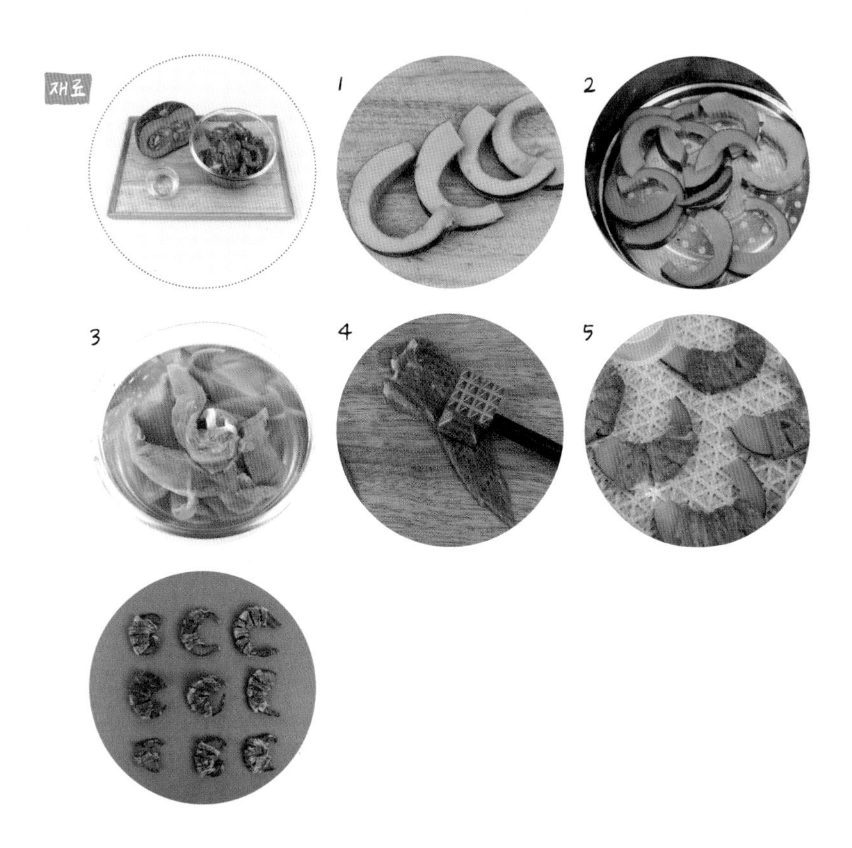

1. 단호박은 깨끗이 씻어 껍질째 잘라 찜기에 쪄준다.
2. 찐 단호박은 한김 식혀준다.
3. 오리안심은 지방 손질 후 찬물에 30분 정도 담가 핏물을 제거한다.
4. 식초물을 만들어 30분 정도 오리안심을 소독한 다음, 깨끗이 씻어 물기를 제거한다.
5. 오리안심은 고기망치로 잘 두드려 단호박에 말아준다.
6. 말아놓은 재료를 건조기 위에 나란히 올려, 60도에서 9시간 건조한다.

TIP

단호박은 고단백 저칼로리 식품으로 비타민 A가 풍부하여 항산화 작용과 혈행에 도움을 줍니다. 식이섬유가 풍부하고 지방이 적어 다이어트와 변비 예방에 효과적이에요. 달달한 맛이 있어 강아지들에게 선호도가 좋습니다.

BEEF JERKY

13 쇠고기 육포

- 홍두깨살 500g, 식초

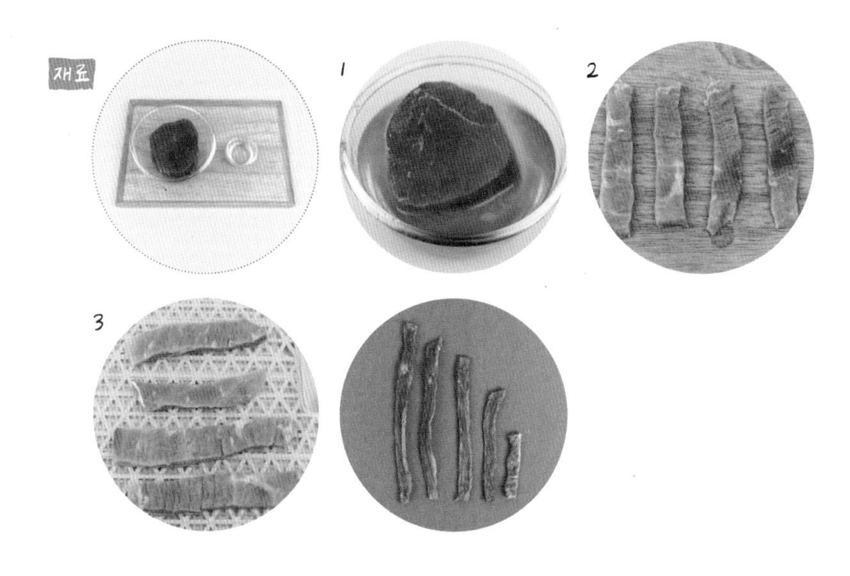

1 물에 식초를 넣고 30분 정도 담가 소독한다.
2 소독한 쇠고기를 잘 씻어 물기를 제거한다.
3 쇠고기는 지방 손질 후 0.4cm 두께로 썬다.
4 물기를 제거한 쇠고기를 건조기 위에 나란히 올려, 70도에서 8시간 건조한다.

TIP

쇠고기는 지방이 적은 부위를 사용하는 것이 좋습니다. 쇠고기 육포 시 사용한 부위는 홍두깨살입니다. 홍두깨살은 뒷다리 안쪽 우둔살 옆에 긴 원통 모양의 홍두깨처럼 붙어 있는 살을 분리한 것입니다. 쇠고기는 식물성 단백질보다 흡수율이 높은 단백질을 함유하고 있고 필수아미노산을 균형있게 함유하고 있어 반려동물에게 좋은 식재료입니다.

BEEF LIVER JERKY

14 소간 육포

- 소간 500g, 식초

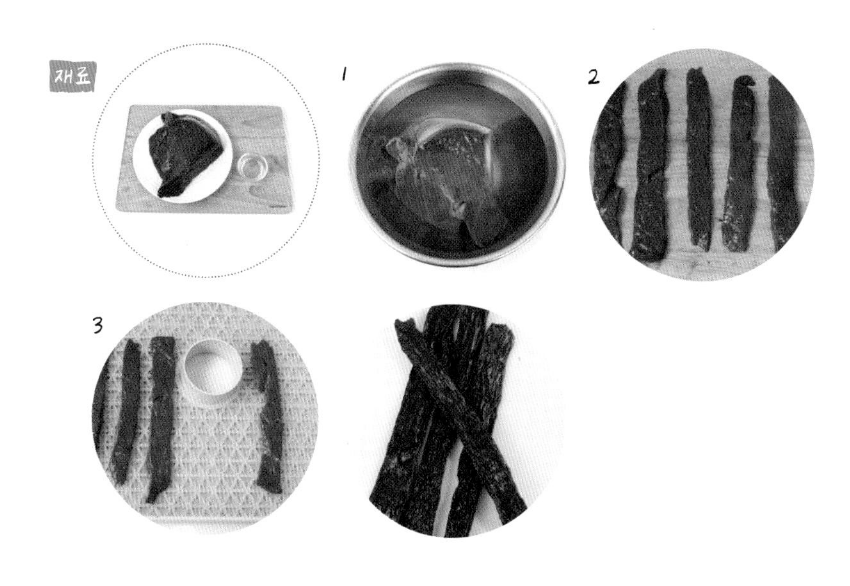

1 소간은 지방과 막을 제거한 후 0.4cm 두께로 스틱 모양으로 썬다.
2 찬물에 30분 정도 담가 핏물을 제거한 다음, 식초물을 만들어 30분 정도 담가 소독한다.
3 소독한 소간을 잘 씻어 물기를 제거한다.
4 물기를 제거한 소간을 건조기 위에 나란히 올려, 70도에서 10시간 건조한다.

TIP

얇게 썬 소간은 건조 트레이에 붙을 수 있으므로 종이호일을 사용하고 어느 정도 건조가 되면 종이를 빼고 계속 건조시켜 줍니다. 살짝 얼었을 때 손질해야 수월하게 할 수 있습니다. 간을 급여할 때는 많이 주지 않도록 주의해야 합니다. 다량의 간은 비타민 A가 과잉되어 가려움증을 일으키거나 탈모 현상을 불러올 수 있고, 인을 많이 함유하고 있어 과잉되면 칼슘 결핍이 생길 수 있습니다.

BEEF LIVER POWDER

15 소간 파우더

- 소간 500g, 식초

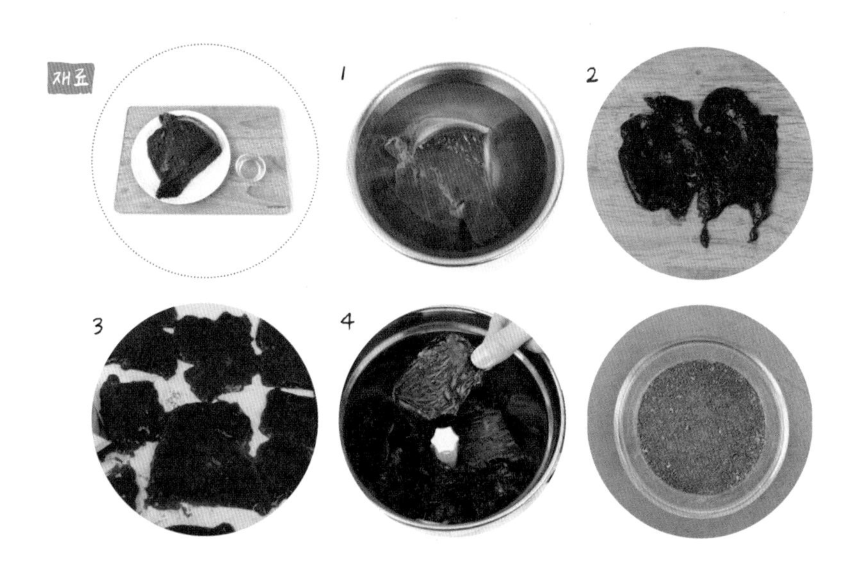

1 소간은 지방과 막을 제거한 후 0.3cm 두께로 썬다.
2 찬물에 30분 정도 담가 핏물을 제거한 다음, 식초물을 만들어 30분 정도 담가 소독한다.
3 소독한 소간을 잘 씻어 물기를 제거한다.
4 물기를 제거한 소간을 건조기 위에 나란히 올려, 70도에서 16시간 건조한다.
5 건조된 소간은 분쇄기에 넣어 곱게 갈아준다.

TIP

신선한 소간이 아니라면 한번 삶아 건조하는 것이 좋습니다.
소간을 파우더로 만들 때 간의 겉막을 제대로 제거하지 않으면 갈았을 때 비닐처럼 일어나니 주의하세요. 소간육포보다 더 바짝 건조시켜주어야 곱게 갈립니다.

PORK JERKY

16 돼지고기 육포

- 돼지고기 안심 500g, 식초

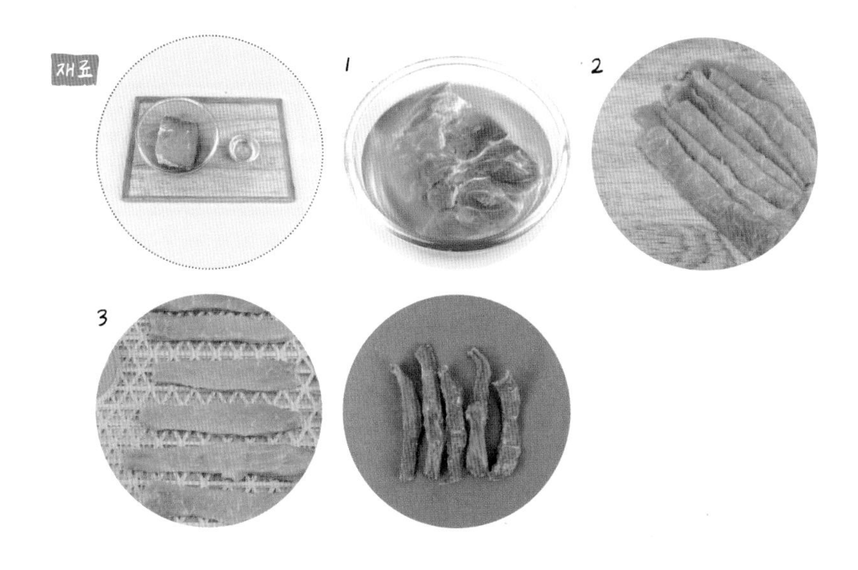

1 물에 식초를 넣어 돼지고기를 30분 정도 담가 소독한다.
2 소독한 돼지고기를 잘 씻어 물기를 제거한다.
3 돼지고기는 지방 손질 후 0.5cm 두께로 썬다.
4 물기를 제거한 돼지고기를 건조기 위에 나란히 올려, 70도에서 10시간 건조한다.

TIP

돼지고기는 지방이 적은 안심 부위를 사용하는 것이 좋습니다. 돼지고기는 포화지방산을 함유하고 있어서 많이 급여할 경우에는 콜레스테롤로 인해 성인병, 뇌졸중 등의 위험이 있습니다. 돼지고기는 비타민 B_1을 많이 함유하고 있어 피로회복에 좋고, 비타민 A, E, B_2도 균형있게 함유하고 있어 젊음을 유지하고 튼튼한 몸을 만드는 데 도움을 줍니다. 반려동물이 기력이 떨어졌을 때 돼지고기를 급여하면 좋습니다.

SALMON JERKY

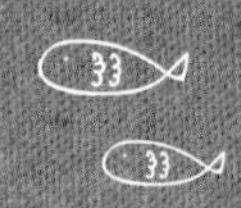

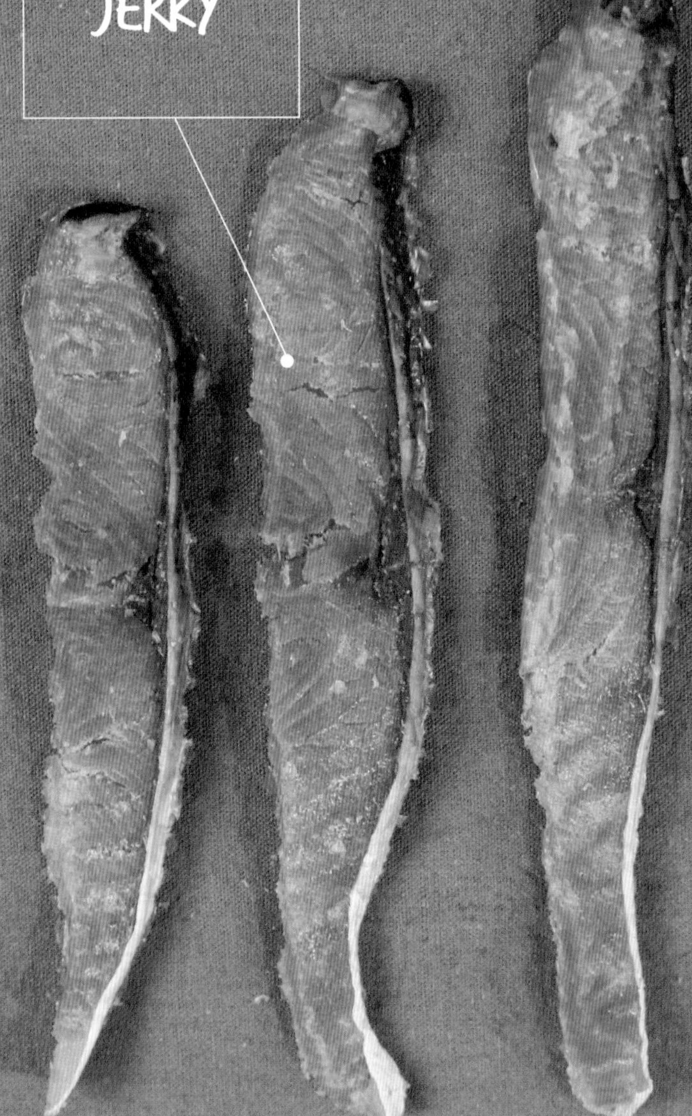

17 연어 육포

- 연어 500g

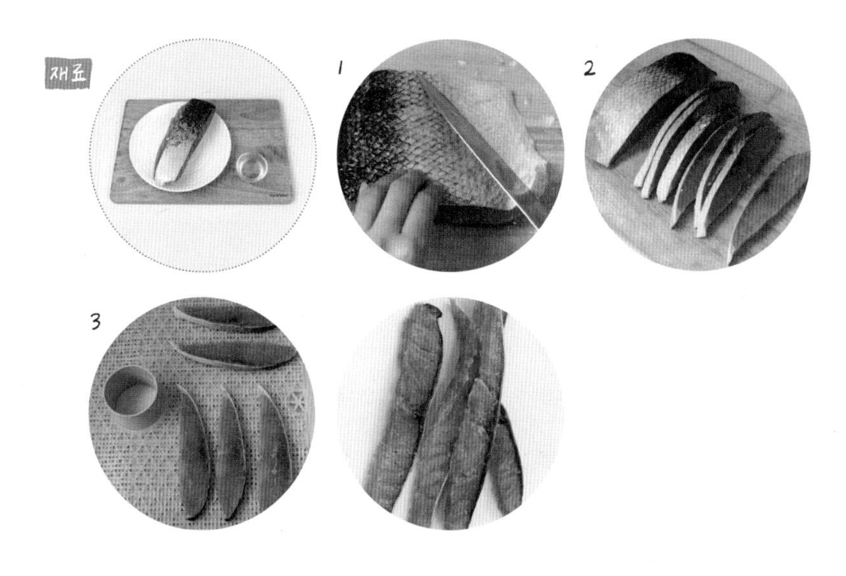

1 연어가 살짝 언 상태에서, 비늘을 제거한다.
2 먹기 좋은 스틱 모양으로 썰어준다.
3 스틱 모양의 연어를 건조기 위에 나란히 올려, 60도에서 9시간 건조한다.

TIP

연어는 오메가3가 풍부하여 고혈압, 동맥경화, 심장병, 뇌졸중 등 혈관질환 예방에 도움이 됩니다. 항산화력을 가진 식품으로 안질환이나 피부 트러블을 방지합니다. 오메가6에 알레르기가 있는 반려동물에게는 오메가3 지방산으로 대체하여 급여하는 것이 좋습니다. 강아지, 고양이 모두에게 기호도가 좋은 식품입니다.

SALMON POWDER

18 연어 파우더

- 연어 500g

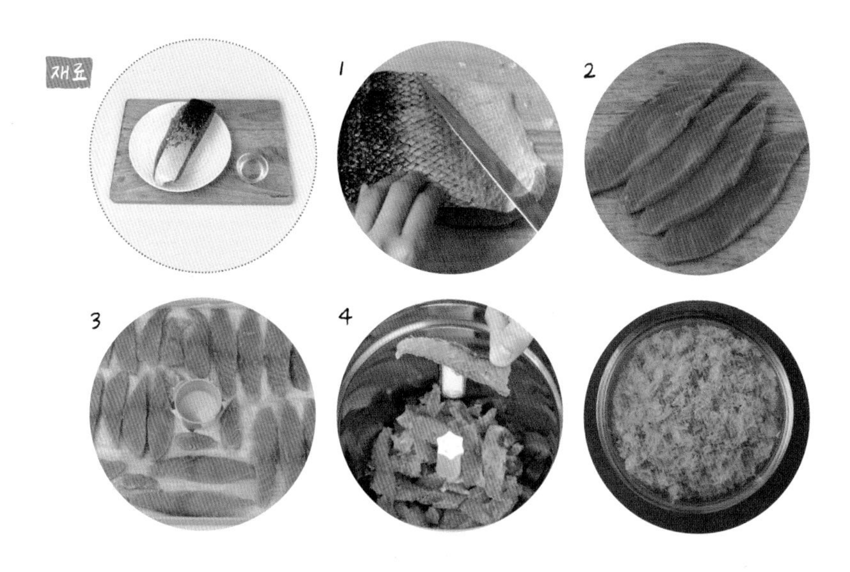

1 연어가 살짝 언 상태에서, 비늘과 껍질을 먼저 제거한다.
2 건조가 잘 되도록 얇게 썰어 준다.
3 얇게 썬 연어를 건조기 위에 나란히 올려, 70도에서 12시간 건조한다.
4 잘 건조된 연어를 분쇄기에 곱게 갈아준다.

TIP

오메가3가 풍부한 연어를 파우더로 만들어, 천연 피모영양제로 급여하면 좋습니다.
연어 파우더는 기름기가 많아 닭고기 파우더나 다른 파우더처럼 부드럽게 갈리지 않고 바짝 말리면 몽글몽글한 모양으로 갈립니다. 또 덜 건조시켜 갈면 결정이 더 굵어 사료와 함께 급여하기도 하지만 케이크 등 베이커리에 토핑으로 사용해도 좋습니다.

ANCHOVY POWDER

19 멸치 파우더

• 멸치 500g

1 멸치는 반나절 정도 물을 갈아가며, 찬물에 담가 염분을 제거한다.
2 염분을 제거한 멸치는 물기를 제거하여 건조기 위에 나란히 올려, 70도에서 12시간 건조한다.
3 잘 건조된 멸치를 분쇄기에 곱게 갈아준다.

TIP

건조 멸치는 강아지뿐만 아니라 고양이에게도 좋은 간식이 됩니다. 건조 멸치를 분쇄기에 갈아서 멸치 파우더로도 이용할 수 있습니다. 멸치는 지방이 적고 칼슘이 풍부하고, 무기질이 풍부하여 다이어트, 골다공증 예방에도 도움을 주고 어린 반려동물의 성장과 발육, 뼈 형성 등에 도움을 줍니다. 반려동물 급여 시 염분 제거는 꼭 해주세요.

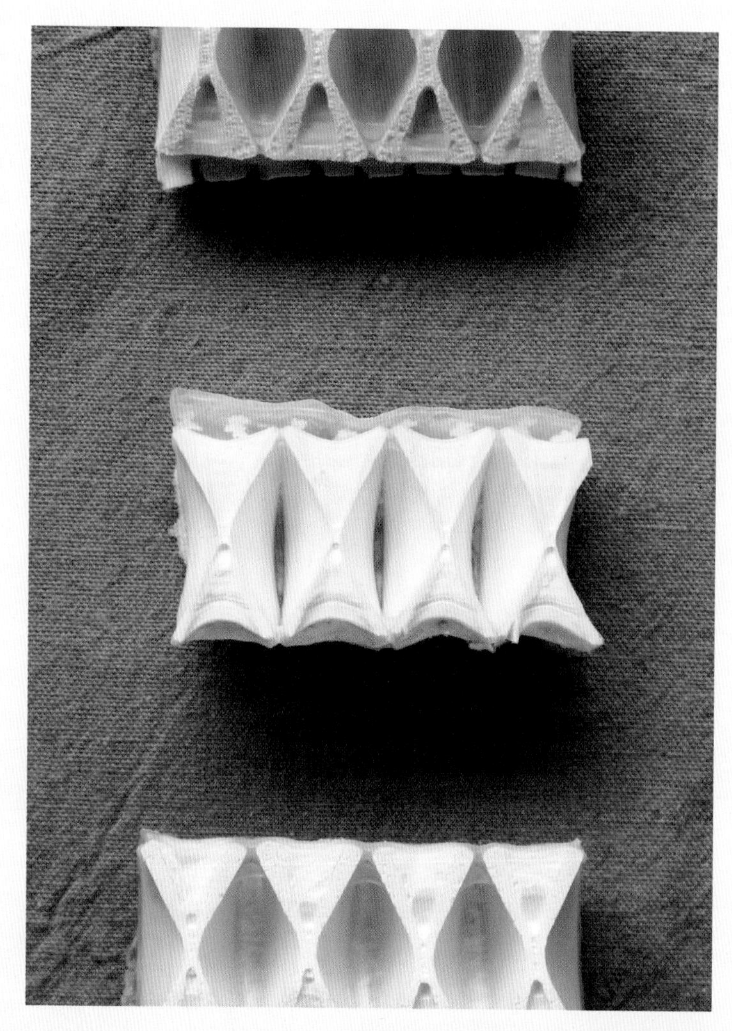

SHARK CARTILAGE GUM

20 상어연골껌

• 상어연골 500g, 식초

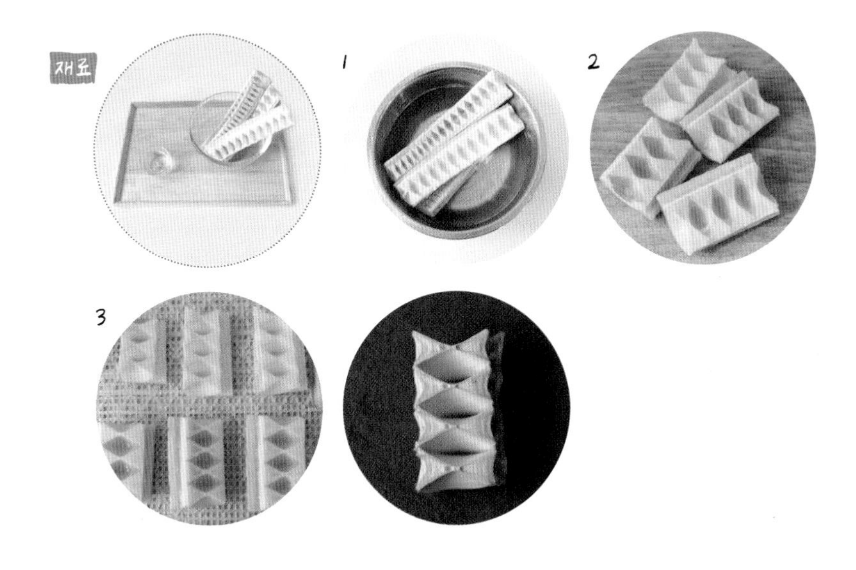

1 상어연골은 반나절 정도 물을 갈아주며, 찬물에 담가 염분을 제거한다.
2 상어연골의 골수 부분을 제거하고 먹기 좋은 크기로 썰어 식초물에 30분 정도 소독 후 식초향이 남지 않게 헹궈준다.
3 상어연골의 물기를 제거하여 건조기 위에 나란히 올려, 70도에서 14시간 건조한다.

TIP

상어는 해양동물 최상위 포식자이므로 소형 어류에 비해 중금속 함유량이 많은 편입니다. 소량 급여하는 것이 중요합니다.
상어연골은 저지방, 고단백 식품으로 칼슘이 풍부하여 관절건강에 효과적입니다. 강아지 치석제거에도 도움을 줍니다.

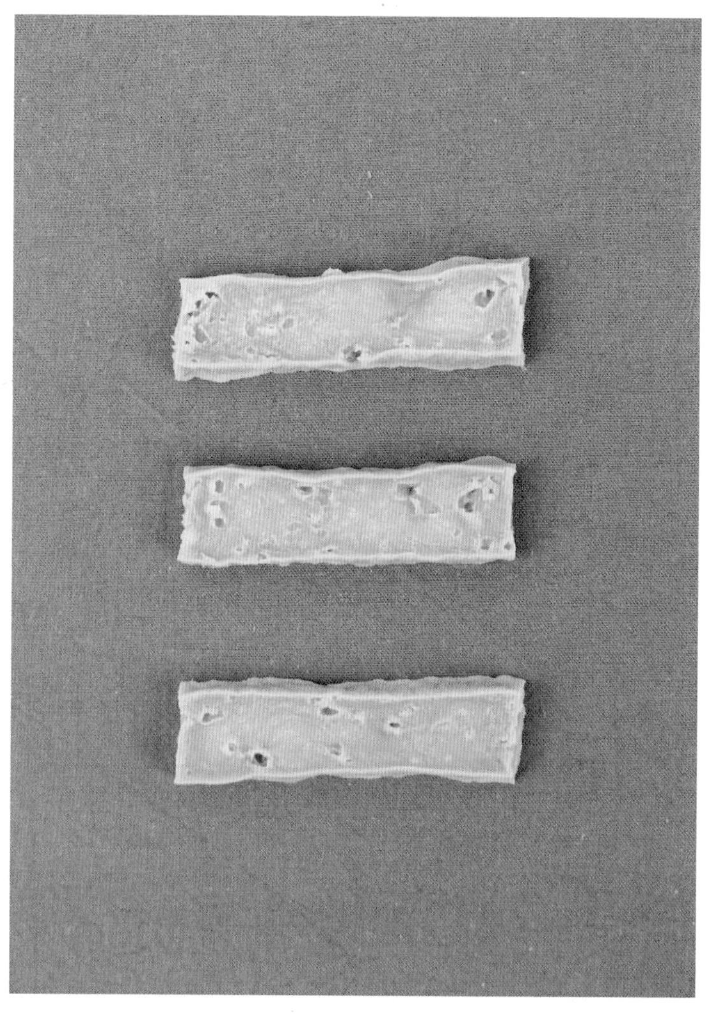

TOFU STICK

21 두부스틱

- 두부 500g

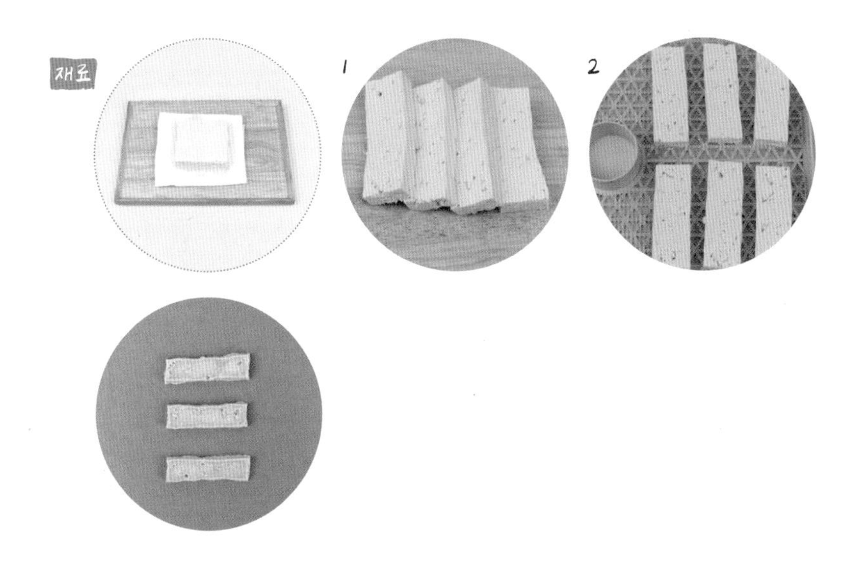

1 두부는 찬물에 6시간 정도 담가 염분을 제거한다.
2 염분이 제거된 두부의 물기를 제거해주고, 스틱 모양으로 썬다.
3 스틱 모양의 두부를 건조기 위에 나란히 올려, 70도에서 8시간 건조한다.

TIP

시간이 없는 경우에는 두부를 끓는 물에 데쳐서 염분을 제거해 주세요. 보통 반려동물에게 간식으로 육류 단백질을 많이 급여하므로 식물성 단백질도 한번씩 급여하는 것이 좋습니다. 식물성 단백질도 적절히 가공 처리되고 균형을 맞춘 아미노산 비율이 존재한다면 반려동물의 성장단계에도 도움이 됩니다.

MILK GUM

22 우유껌

• 우유 400g, 한천 8g

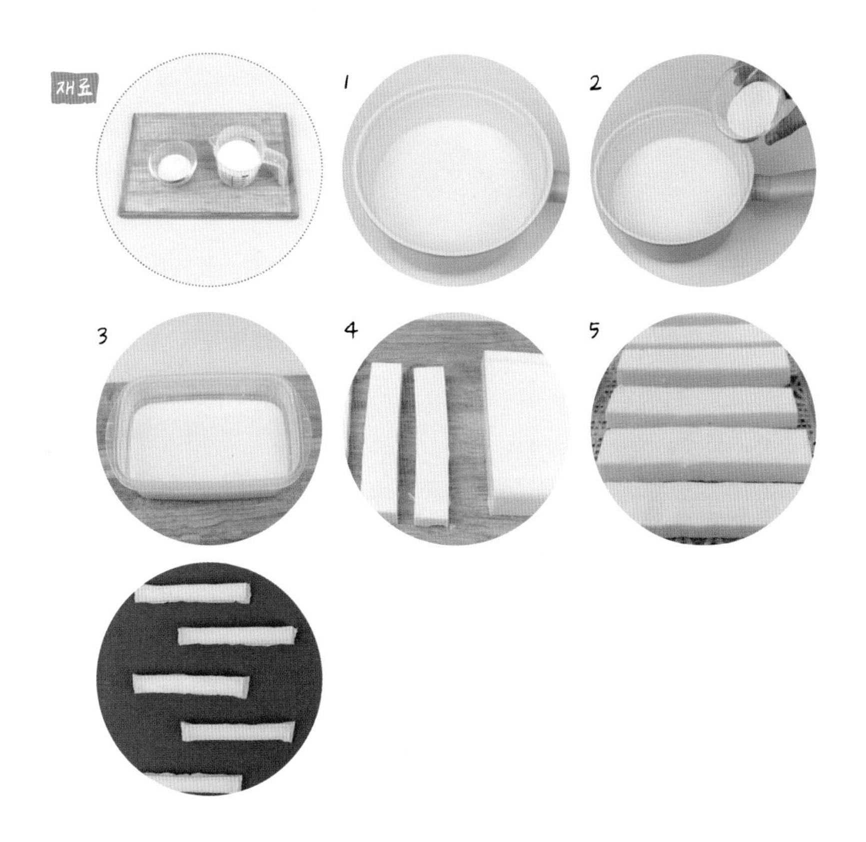

1 우유는 저어주며 센불에서 끓이다가, 끓어오르기 시작하면 약불로 줄인다.
2 한천가루를 넣고 잘 저어준다.
3 내열 용기에 한천가루를 부어, 냉장고에서 1시간 정도 굳혀준다.
4 굳은 우유를 꺼내 스틱 모양으로 썬다.
5 우유 스틱을 부서지지 않게, 건조기 위에 올려 60도에서 8시간 건조한다.

TIP

우유껌은 말랑한 식감으로 딱딱한 껌을 잘 못먹거나, 소화를 못시키는 반려동물들에게 좋은 간식입니다. 우유껌 안에 과일, 야채 등의 재료를 넣어주면 다양한 레시피를 완성할 수 있습니다. 너무 높은 온도에서 건조시키면 한천이 다시 녹아 건조기에서 모양이 흐트러질 수 있습니다.

03

반려동물 집밥 레시피 : 자연식

Home made Food
for Companion Animal

Home made Food
for Companion Animal

01 닭가슴살 과일 김밥

- 닭가슴살 100g, 김밥용 김 2장, 밥 150g, 사과 120g, 노란색 파프리카 30g, 새싹 채소 30g

1. 닭가슴살은 지방을 제거하고 끓는 물에 삶는다.
2. 사과는 곱게 채쳐서 쓰기 전 물기를 제거한다.
3. 파프리카는 곱게 채썬다.
4. 새싹 채소는 물기 제거 후 작게 다진다.
5. 익은 닭가슴살은 식힌 다음 긴 모양으로 썬다.
6. 김밥용 김에 밥을 얇게 편다.
7. 준비해둔 사과, 파프리카, 새싹 채소, 닭가슴살을 가득 넣고 말아준다.
8. 한입 크기로 썰어 급여한다.

TIP

사과와 새싹 채소는 물기를 확실하게 제거해야 김밥을 말았을 때 모양이 예쁘게 나옵니다. 새싹 채소는 씨앗이 싹을 틔울 때 자신의 성장을 위해 영양소를 생성, 합성하기 때문에 다 자란 채소보다 영양이 3-4배는 많다고 해요. 반려동물용 김밥은 밥의 양보다 야채 양을 더 많이 넣어주세요.

COCONUT CHICKEN SPAGHETTI

02 코코넛 치킨 스파게티

- 닭가슴살 60g, 브로콜리 10g, 파프리카 10g, 스파게티면 30g, 락토프리 우유 150ml, 코코넛오일 10g, 코코넛 파우더 5g

1 브로콜리, 파프리카, 닭가슴살은 작게 다진다.
2 스파게티면을 삶는다. 삶은 스파게티면은 1-2cm크기로 자른다.
3 팬에 코코넛 오일을 넣고, 손질한 브로콜리, 파프리카, 닭가슴살을 넣어 볶는다.
4 팬에 우유와 스파게티면을 넣고 졸인다.

TIP

스파게티면은 삶기 전에 부숴서 삶아도 됩니다. 스파게티면 대신 마카로니를 이용해도 좋습니다. 코코넛 오일은 25도 이하에서는 고체로 존재합니다. 굳어 있을 경우에는 전자레인지를 이용하여 살짝 녹여주세요.
코코넛 오일은 반려견들의 몸에 나쁜 냄새를 제거해주고, 발진이나 피부의 가려움증을 잡아 주어, 반려견들에게 많이들 먹이고 있는데요, 코코넛 오일은 포화지방산이 많고 불포화지방산, 리놀레익산의 함유가 낮아 많이 급여하는 것은 좋지 않습니다. 가수분해 코코넛유를 포함한 몇몇 가수분해지방은 오일 내 중쇄지방산이 안좋은 영향을 주어, 고양이의 경우는 간지방화가 진행될 수도 있으니 주의하여 사용해주세요.

STEAMED CHICKEN

03 닭찜

• 닭가슴살 150g, 당근 50g, 감자 50g, 물 400ml, 캐롭파우더 1t, 감자전분 1T

1 닭은 깨끗이 손질하고 냄비에 물과 닭가슴살을 넣고 삶는다.
2 당근과 감자는 사방 1cm 크기로 썬다.
3 익은 닭살은 식힌 다음 결대로 찢어 준비한다.
4 닭 육수에 당근, 감자, 익은 닭살을 넣고 다시 한번 끓인다.
5 캐롭파우더를 넣고 살짝 졸여준다. 감자전분으로 농도를 맞춘다.
6 한김 식혀 급여한다.

TIP

닭은 뼈째로 익히면 닭뼈 조각이 반려동물 식도나 내장을 찌를 수 있기 때문에 꼭 살코기만 이용해 주세요. 닭가슴살 외에도 뼈가 있는 닭을 삶아 살만 발라 사용해도 됩니다. 신선한 식재료를 잘게 다져 만든 죽은 수분 함량이 많아 이유기나 노령 동물에게 좋습니다. 수분의 함량이 높아 소화가 잘되고, 살짝 따끈한 정도로 급여하시면 향의 풍미가 올라 기호도가 높아집니다.

04 닭고기 달걀 스프

- 닭가슴살 70g, 달걀 1개, 다시마 5×5 1장, 가쓰오부시 3g, 당근 20g, 양배추 20g, 물 350ml

1 물 350ml에 다시마와 가쓰오부시를 넣고 실온에 10분 정도 둔다.
2 당근과 양배추는 작게 다진다.
3 닭가슴살은 사방 1cm 크기로 썬다.
4 달걀은 풀어서 준비한다.
5 다시마와 가스오부시를 넣은 육수를 센불에서 끓이고, 건더기는 건져준다.
6 육수에 손질해 둔 닭가슴살과 채소를 넣고 익을 때까지 끓인다.
7 풀어둔 달걀물을 넣고 완성한다.

TIP

가쓰오부시와 다시마를 이용한 육수를 요리에 사용하면 향이 풍부해져, 반려견들의 기호성이 높아집니다. 요리뿐 아니라 사료를 잘 먹지 않을 때 사료에 육수를 섞어 급여하면 좋습니다. 다만, 건강한 동물에게도 일정량의 나트륨과 염소는 필요합니다. 건강한 동물이 필요로 하는 양보다 과다하게 섭취하면 대부분 신장을 통해 걸러지고 반려동물이 스스로 과다복용 시 충분한 물을 섭취하지만, 물을 잘 먹지 않는 반려동물도 있으므로, 사람용 육수보다는 약하게 육수를 우려주세요.

EGG POLLACK SOUP

05 달걀 황태죽

• 달걀 1개, 닭가슴살 50g, 당근 15g, 물 250ml, 황태 10g, 밥 100g, 참기름 1/2T

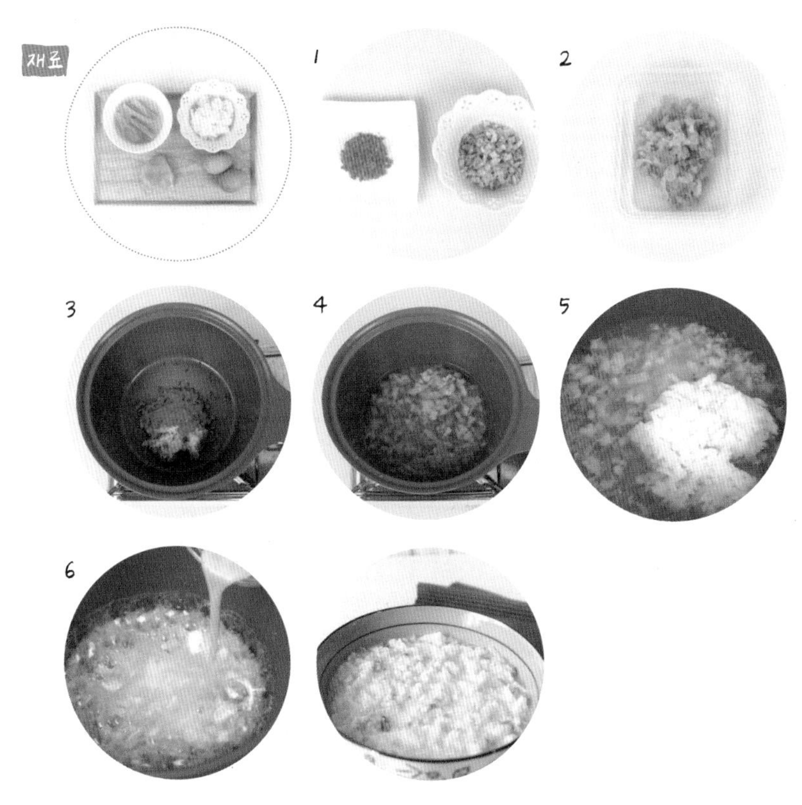

1 당근은 작게 다진다.
2 닭가슴살은 작게 다진다.
3 말린 황태는 물을 갈아주며, 찬물에 12시간 이상 담가 염분을 제거한다.
4 염분을 제거한 황태를 물기를 꽉 짜서, 작게 다진다.
5 달걀은 잘 풀어 준비한다.
6 냄비에 참기름을 두르고, 닭가슴살, 황태, 당근을 넣고 볶는다.
7 밥과 물을 넣고 저어가면서 뭉근히 끓인다.
8 재료가 익으면 풀어놓은 달걀을 넣고 완성한다.

TIP

달걀 황태죽은 반려동물 보양식으로 흔히 급여하는 자연식입니다. 생물 명태가 겨울철 야외와 햇볕, 찬바람으로 자연건조하면서 얼고 녹기를 수없이 반복하여 만들어진 것이 황태입니다. 명태가 황태로 변하면서 단백질이 2배로 늘어나, 반려동물의 수술 후나 출산 후, 기력회복에 도움을 줍니다. 황태는 물에 담가 염분을 제거해 주는 것이 중요합니다.

EGG
SHIITAKE MUSHROOM
RICE BALL

06 달걀 표고버섯 주먹밥

• 달걀 2개, 표고버섯 30g, 당근 20g, 밥 150g, 참기름 1t

1 달걀은 볼에 깬 뒤 흰자와 노른자를 잘 섞는다.
2 표고버섯과 당근은 작게 다진다.
3 팬에 달걀물을 얇게 부쳐내고, 식으면 작게 다져준다.
4 작게 다진 표고버섯과 당근을 팬에 볶는다.
5 밥과 참기름, 달걀, 볶아놓은 표고버섯과 당근을 넣고 섞어준다.
6 한김 식힌 다음, 한입 크기로 동그랗게 만든다.

TIP

달걀은 거의 모든 영양소를 함유한 완전식품입니다. 피부가 안 좋은 반려동물에게 추천합니다. 양질의 동물성 단백질인 달걀은 필수아미노산이 균형 있게 포함되어 있지만, 콜레스테롤의 함량도 높기 때문에 한번에 많이 급여하는 것은 좋지 않습니다. 표고버섯은 식이섬유소를 가지고 있는데, 표고버섯의 식이섬유소가 콜레스테롤의 흡수를 지연시키는 역할을 해줍니다. 또한 풍부한 식이섬유는 배변의 양과 변비해소에도 좋은 효과를 냅니다.

07 두부 쇠고기죽

• 두부 50g, 쇠고기(다짐육) 40g, 밥 100g, 파프리카 15g, 브로콜리 15g, 참기름 1t, 물 300ml

1 파프리카와 브로콜리는 작게 다진다.
2 두부는 물기를 제거하고 으깬다.
3 쇠고기는 키친타월로 핏물을 제거한다.
4 냄비에 참기름을 넣고 쇠고기를 볶는다.
5 손질해 둔 파프리카와 브로콜리를 넣고 함께 볶는다.
6 물을 붓고, 끓으면 밥을 넣는다.
7 뭉근히 끓이면서 마지막에 두부를 넣는다.
8 미지근하게 식혀 급여한다.

TIP

두부는 고단백 식품으로 다이어트에 적합한 식재료입니다. 콩은 리놀산을 함유하고 있어 콜레스테롤을 낮추고 올리고당이 많아 장의 움직임을 활발하게 합니다.
반려동물에게 기호도가 좋은 고기에는 인의 함유가 높아, 가끔은 식물성 단백질 콩으로 대체해보는 것도 좋습니다.

MINI
HAMBURGER
STEAK

08 미니 함박 스테이크

- 쇠고기(다짐육) 200g, 당근 30g, 비트 10g, 시금치 30g, 식용유 1T

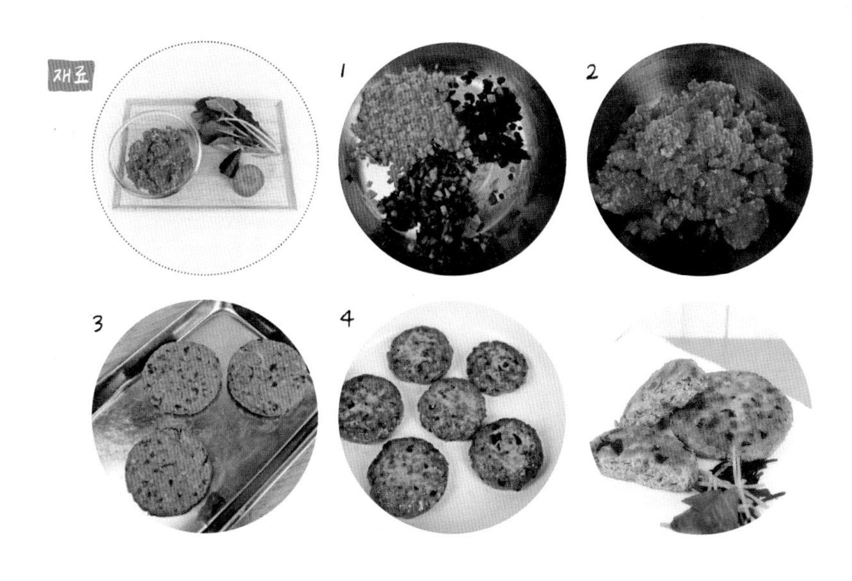

1 쇠고기는 키친타월로 핏물을 제거한다.
2 당근, 비트는 작게 다진다.
3 시금치는 끓는 물에 데친 다음, 작게 다진다.
4 모든 재료를 넣고 잘 치대준다.
5 한덩이에 50g씩 덜어, 지름 8cm, 두께 0.8cm 정도로 동그랗게 빚는다.
빚을 때 가운데를 살짝 눌러 빚는다.
6 팬에 기름을 두르고 센 불로 겉면을 익힌 다음, 약한 불로 줄여 익혀준다.

TIP

함박 스테이크는 육류를 갈아 뭉쳐서 만든 요리로, 우리나라 음식인 떡갈비와 비슷합니다. 쇠고기뿐만 아니라 돼지고기, 오리고기 등 다른 육류로 변경하여 만들어 보세요. 한번에 급여할 수 없을 때는 익히지 않고 둥글게 만든 함박 스테이크를 냉동실에 얼려, 급여할 때마다 익혀주세요. 더욱 맛있게 먹을 수 있습니다.
함박 스테이크를 익힐 때 타지 않게 구워주세요. 혹 스테이크가 두꺼워 덜 익을 것 같다면 프라이팬에 물을 조금 부어 속까지 익혀주고, 물이 다 졸아 없어질 때까지 구워주세요.

09 아마씨 소고기죽

- 쇠고기(다짐육) 40g, 아마씨 가루 20g, 당근 10g, 애호박 10g, 시금치 5g, 밥 100g, 물 300ml, 참기름 1t

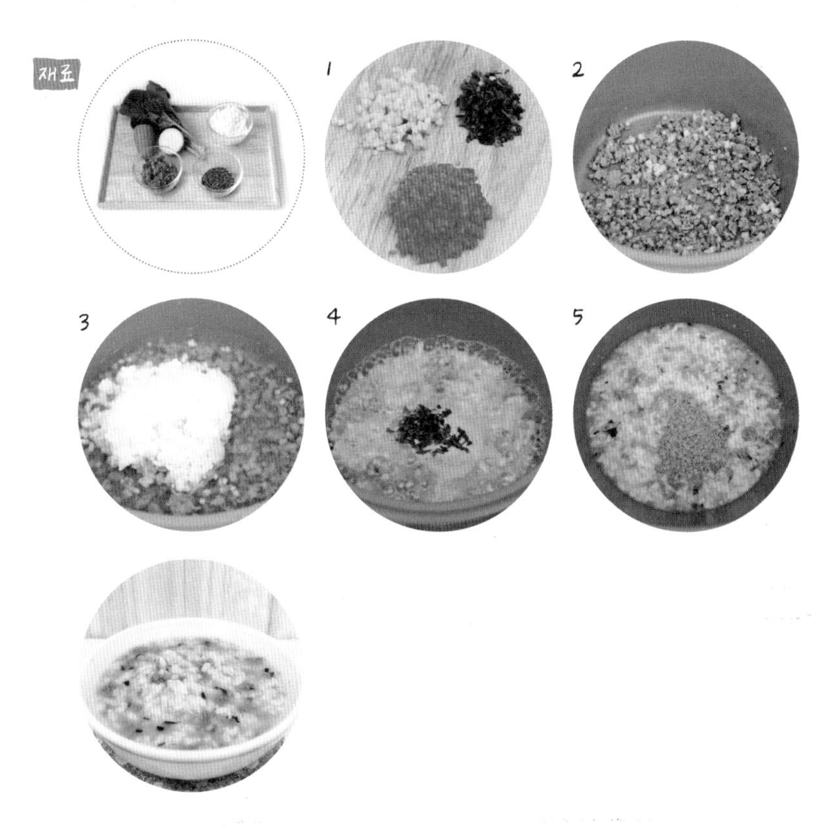

1. 당근, 애호박, 시금치는 작게 다진다.
2. 쇠고기는 키친타월로 핏물을 제거한다.
3. 냄비에 참기름을 넣고 쇠고기를 넣고 볶는다.
4. 당근, 애호박을 넣고 함께 볶는다.
5. 물과 밥을 넣고 뭉근히 끓인다.
6. 쌀알이 퍼지면 시금치를 넣고 끓인다.
7. 아마씨 가루를 넣는다.
8. 한김 식혀 급여한다.

TIP

아마씨는 러시아에서 먹는 금이라고 불릴 정도로 여러 질병을 예방하는 데 좋은 슈퍼푸드입니다. 불포화지방산의 함량이 높아 공기 중 오래 방치하면 산패가 발생하므로 보관에 주의해 주세요.
아마씨는 오메가3를 많이 가지고 있어 반려동물의 모질과 피부를 곱게 관리해주고, 신경계 및 시각에도 도움이 됩니다.

10 쇠고기 채소말이

• 쇠고기(부채살) 200g , 무순 15g , 파프리카 30g, 적양배추 60g, 팽이버섯 30g, 밀가루 2T, 식용유 1T

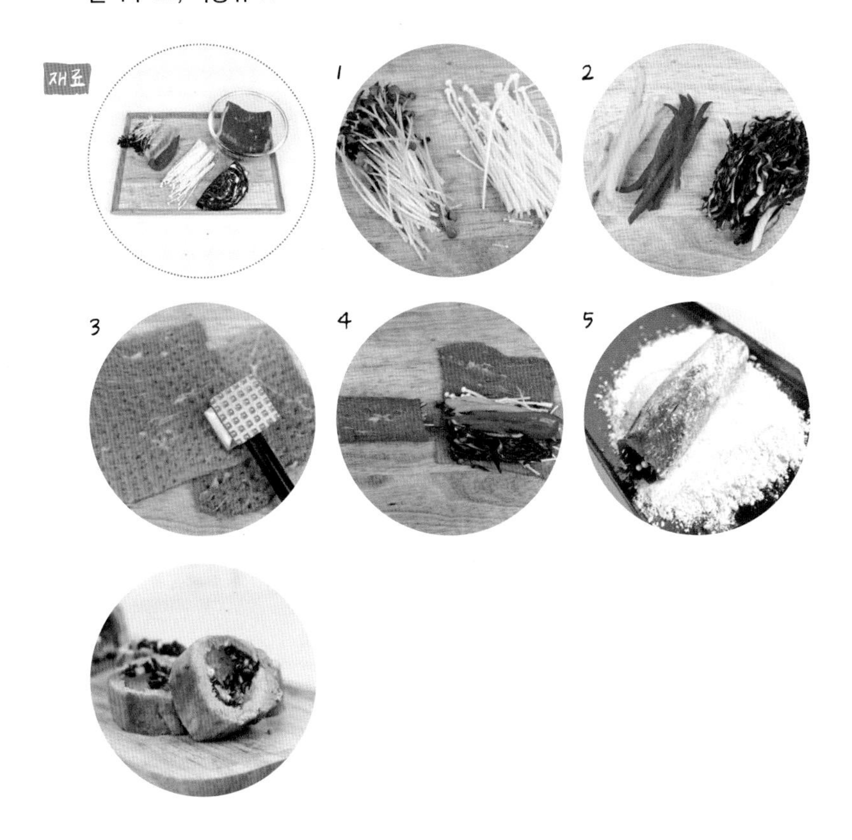

1 무순은 깨끗이 씻어 물기를 제거한다.

2 팽이버섯은 밑둥을 제거하고 6-7cm로 썬다.

3 파프리카와 적양배추도 같은 크기로 준비한다.

4 부채살을 방망이로 두드려 넓게 펼친 후 준비해둔 속재료를 넣고 돌돌 만다.

5 돌돌 말은 부채살에 밀가루를 살짝 묻혀 고정시킨다.

6 팬에 기름을 두르고 약한 불에서 돌려가며 굽는다.

TIP

쇠고기는 샤브샤브용을 사용해도 좋습니다. 얇은 고기를 여러 장 겹쳐 속재료를 가득 넣고 당겨서 말아주세요. 속재료는 냉장고 속에 있는 재료로 활용해도 됩니다. 딱딱한 재료일 경우 미리 익혀 말아주세요.

BEEF POTATO SALAD

11 쇠고기 감자 샐러드

- 쇠고기(홍두깨살) 100g, 감자 150g, 애호박 30g, 당근 30g, 무가당 요거트 5g, 카놀라유 1T

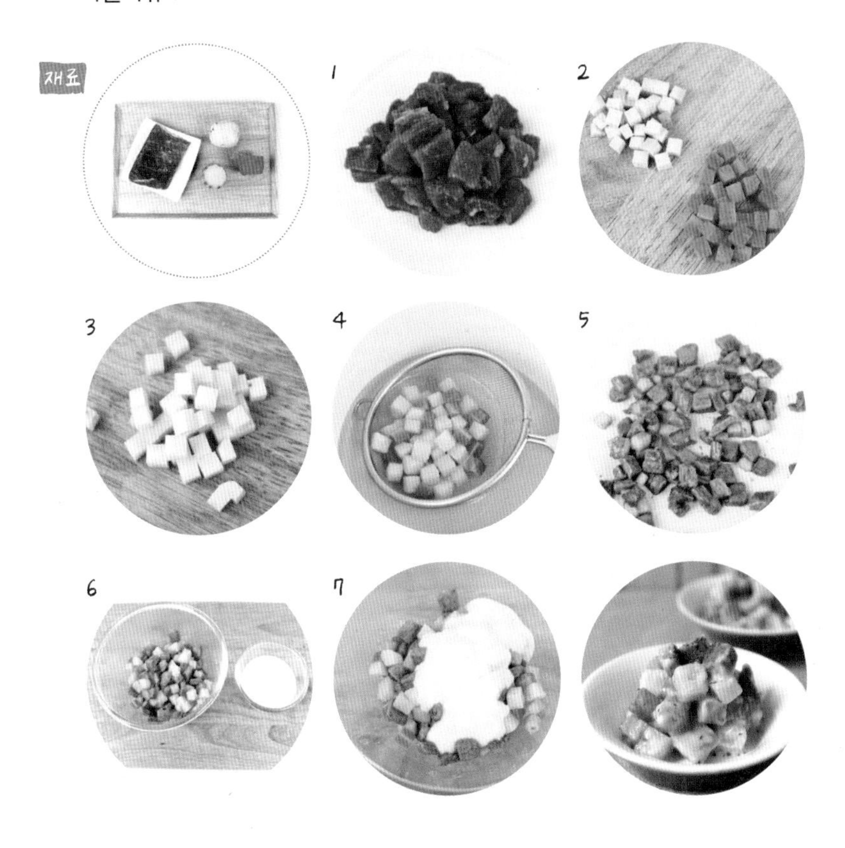

1. 쇠고기는 사방 0.7cm로 썬다.
2. 감자와 당근, 애호박은 사방 1cm로 썰고 감자와 당근은 끓는 물에 익힌 다음 식혀준다.
3. 팬에 기름을 두르고 애호박과 쇠고기를 볶는다.
4. 익은 감자와 당근, 애호박과 쇠고기를 섞어 무가당 요거트를 넣고 버무린다.

TIP

요거트는 락토프리 우유를 이용하여 가정에서 직접 만들어 주거나, 시중에 판매하고 있는 무가당 요거트를 사용하면 됩니다. 락토프리 우유를 사용하면 우리가 시중에서 먹는 요거트의 느낌이 나지 않습니다. 우유를 소화하지 못하는 반려동물이라면 모양이 무너지더라도 락토프리 우유를 사용하는 것이 좋습니다.

12 오리고기 오므라이스

- 오리안심 100g, 달걀 1개, 밥 100g, 브로콜리 15g, 당근 15g, 토마토 1/2개, 올리브유 1t, 캐롭파우더 1T, 물 100ml, 감자전분 1t

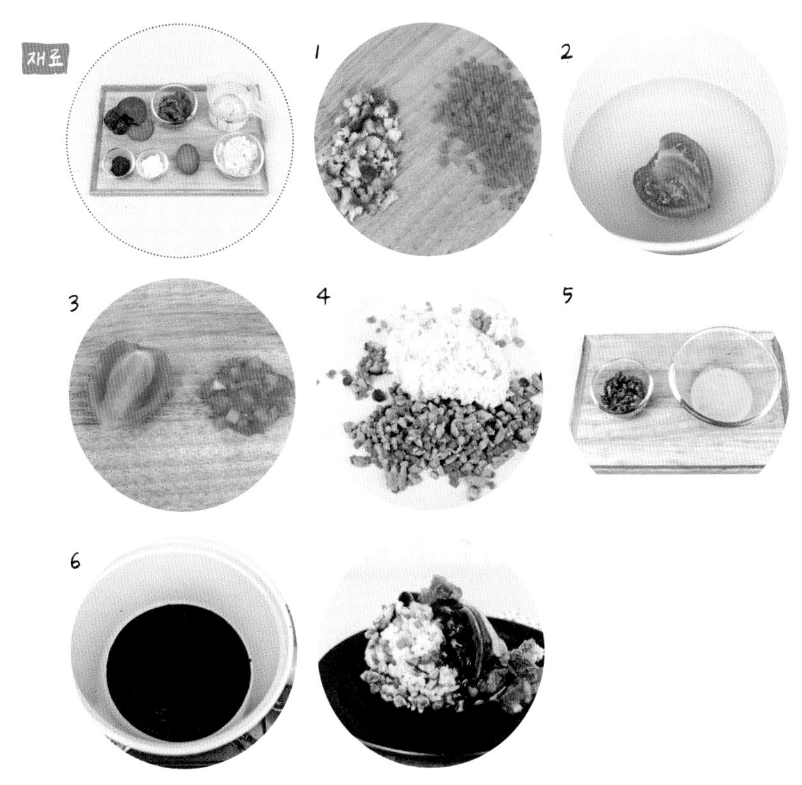

1. 브로콜리와 당근은 작게 다진다.
2. 토마토는 열십자를 내고 끓는 물에 데쳐, 껍질과 씨를 제거하고 다진다.
3. 오리안심은 다진 후, 팬에 볶는다. 오리고기가 익으면 브로콜리와 당근도 함께 넣어 볶는다.
4. 밥을 넣고 잘 섞어서 볶은 다음 한김 식혀준다.
5. 달걀은 잘 섞어 체에 한번 내려준다.
6. 팬에 달걀물을 얇게 부친 다음 한김 식혀준다.
7. 냄비에 물, 캐롭파우더를 넣고 끓인 다음 감자전분을 넣어 농도를 맞춘다.
8. 밥 위에 구워놓은 달걀지단을 올리고 캐롭소스를 뿌려 완성한다.

TIP

반려동물에게 초콜릿을 급여하면 테오브리민이라는 성분이 이뇨작용과 혈관작용을 하는 독성물질을 만들어냅니다. 반려동물이 초콜릿을 먹으면 구토, 탈수증, 복통, 심안 불안 등 매우 위험한데, 캐롭파우더는 초콜릿, 코코아 향이 나는 콩과의 열매로, 과육은 캔디처럼 카페인 없는 음식에 활용합니다 반려동물에게는 무기질, 칼슘함량이 많아, 반려동물 자연식, 수제 간식에서 초콜릿 대신 캐롭파우더를 활용합니다.

DUCK MEAT & SWEET PUMKIN SOUP

13 오리고기 단호박 스프

- 오리안심 100g, 단호박 300g, 코코넛분말 20g, 락토프리 우유 200ml

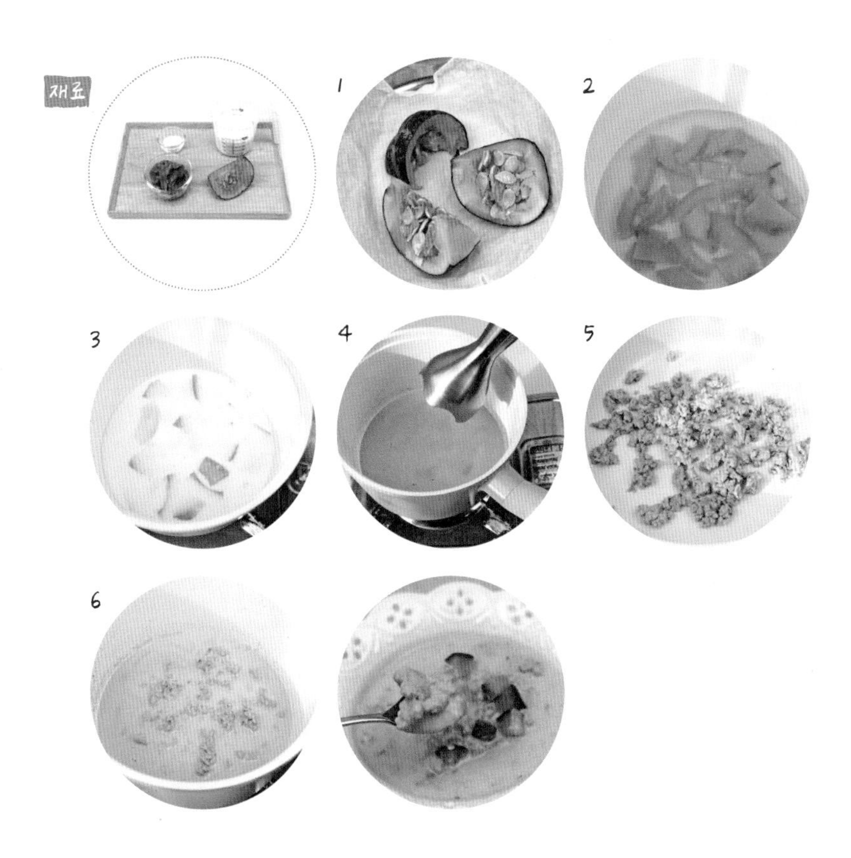

1. 단호박은 껍질을 벗기고 작게 썰어 물을 넣고 익힌다.
2. 단호박이 익으면 물을 버린 후, 우유를 넣고 핸드믹서로 갈아준 뒤 끓인다.
3. 오리안심은 작게 다져 팬에서 볶아 준다.
4. 단호박을 간 우유에 오리안심을 넣고 한번 더 끓여주고, 먹기 직전 코코넛분말을 첨가한다.

TIP

단호박은 지방이 적어 다이어트에 좋고, 식이섬유가 풍부해 변비에 좋은 식재료입니다. 단호박은 소화 시간이 길기 때문에 가스가 잘 차는 반려동물들에게는 급여 양을 줄이는 것이 좋습니다.

14 오리고기 볶음밥

- 오리안심 100g, 밥 80g, 애호박 15g, 당근 15g, 사과 30g, 양배추 15g, 카놀라유 1T

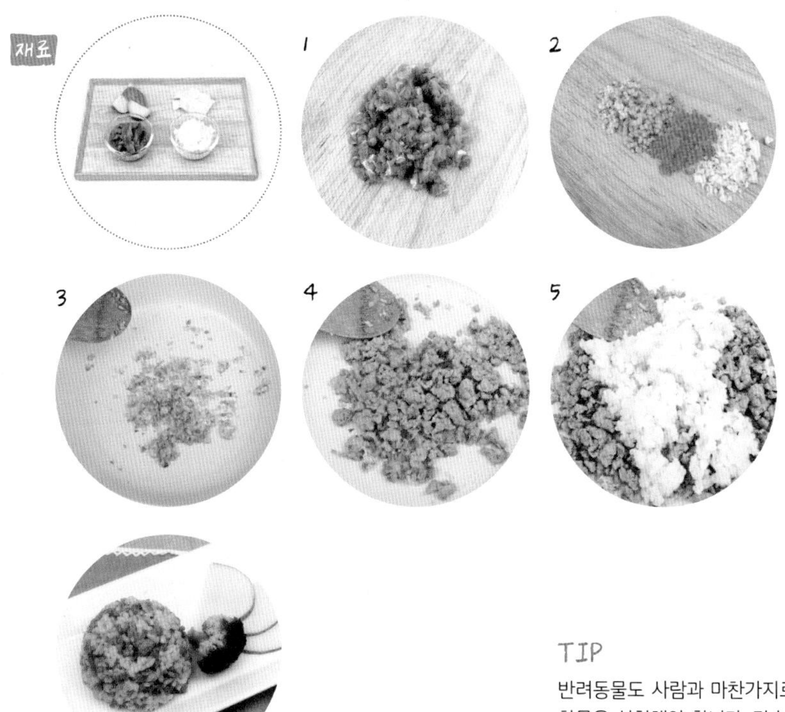

1 오리안심은 작게 다져준다.
2 애호박, 당근, 사과, 양배추는 같은 크기로 작게 다진다.
3 팬에 야채를 넣고 볶다가 오리고기도 넣고 함께 볶는다.
4 채소와 고기가 다 익으면 밥을 넣고 잘 섞어준다.

TIP

반려동물도 사람과 마찬가지로 탄수화물을 섭취해야 합니다. 탄수화물은 에너지원으로 사용되고 섬유질은 변비를 예방하며 독소의 배출을 돕기 때문에 매우 중요하지만, 반려동물에게는 다량의 곡물로 탄수화물을 공급하는 것은 권장하지 않습니다. 고기, 야채, 우유 등에서도 탄수화물을 얻을 수 있습니다. 이런 이유 때문에 반려동물을 위한 볶음밥을 만들 때는 밥 양을 조절해주는 것이 중요합니다. 밥이 부재료로 들어가는 것처럼 적은 양을 넣어주고, 다른 고기와 채소의 양이 훨씬 많게 만들어 주세요.
채소는 기호에 따라, 계절에 따라 집 냉장고에 있는 재료를 그때그때 활용해도 좋습니다.

BEET PORK FRIED RICE

15 비트 돼지고기 볶음밥

• 비트 30g, 돼지고기(앞다리살) 100g, 시금치 20g, 밥 100g, 식용유 1t

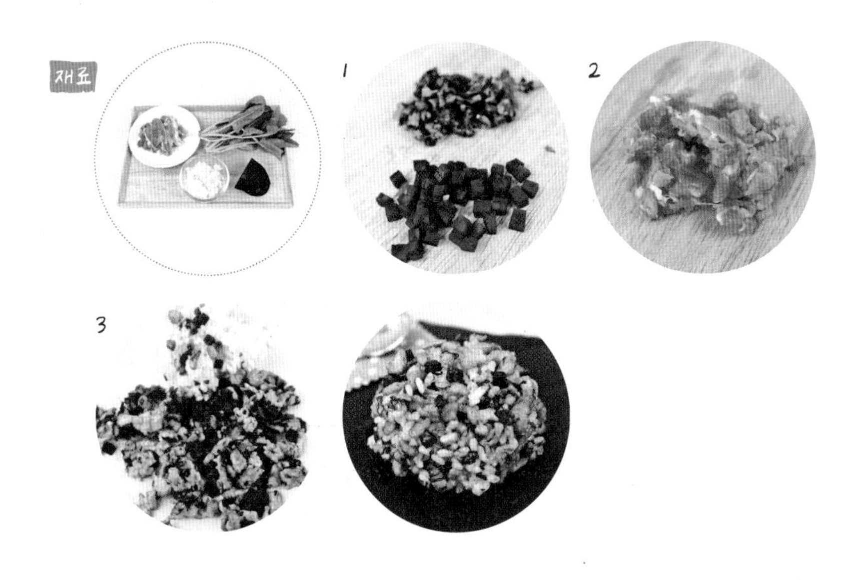

1 비트와 돼지고기는 비슷한 크기로 다진다.
2 시금치는 끓는 물에 10초간 데쳐, 물기를 제거하고 다진다.
3 팬에 기름을 두르고 돼지고기를 볶다가 비트와 시금치를 넣고 함께 볶아준다.
4 재료가 익으면 밥을 넣고 잘 섞어 완성한다.

TIP

특유의 단맛이 나는 진홍색의 비트는 빈혈에 좋은 채소입니다. 철분과 엽산이 풍부하여 임신견에게도 좋은 식재료입니다. 비트는 혈액을 맑게 하고 독소 배출을 촉진해주는 좋은 식재료로 장 내 세균 밸런스를 유지해주고 항산화 작용에 도움이 됩니다.

TOFU STEAK

16 두부 스테이크

- 돼지고기(다짐육) 200g, 두부 1/4모, 파프리카 30g, 감자 30g, 캐롭파우더 1t, 카놀라유 1T

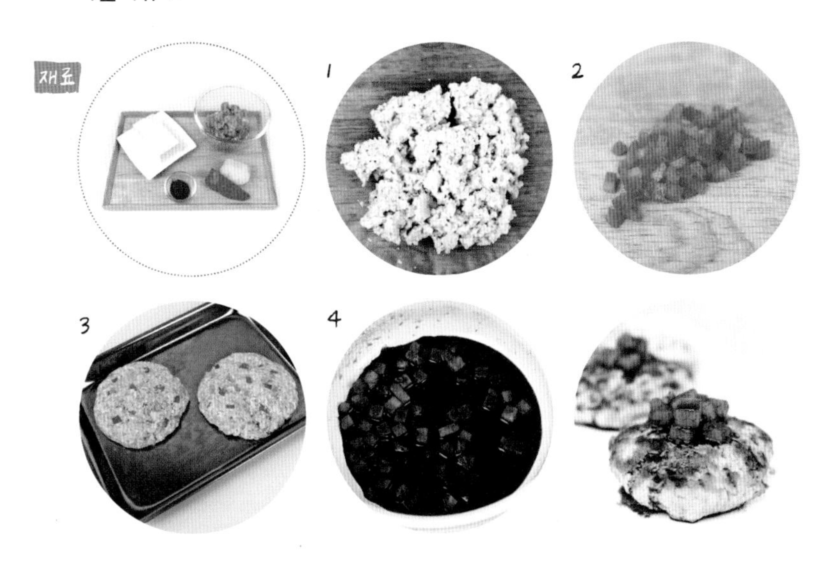

1 돼지고기는 키친타월로 핏물을 제거한다.
2 두부는 물기를 제거하고 으깨준다. 파프리카는 작게 다진다.
3 볼에 돼지고기, 두부, 파프리카를 넣고 잘 치대 준 다음, 한 덩어리에 80g 정도 덜어 동그란 모양을 만들어 준다.
4 감자는 사방 0.5cm로 썰어 뜨거운 물에 익히고, 익은 감자에 캐롭파우더를 넣고 살짝 버무린다.
5 팬에 기름을 두르고 두부 스테이크를 노릇하게 굽는다.
6 구워진 두부 스테이크 위에 캐롭파우더를 넣고 버무린 감자 가니쉬를 올려 완성한다.

TIP

콩이 원료인 두부는 콩의 영양가를 그대로 가지고 있으면서 소화흡수율이 콩보다 높고, 포만감도 커 다이어트에 좋습니다. 두부를 만들때 쓰는 간수는 그리 짜지 않지만 염분이 걱정된다면, 두부를 물에 담그거나 끓는 물에 데쳐 염분을 제거해도 좋습니다.
두부와 돼지고기는 궁합이 잘 맞는 식재료입니다. 다이어트가 걱정되는 반려동물이라면, 돼지고기의 양을 줄이거나, 육류를 넣지 않고 만들어도 좋습니다.

17 돼지안심 수육

• 돼지고기(안심) 250g, 월계수잎 1~2장, 방울토마토 50g, 물 700ml

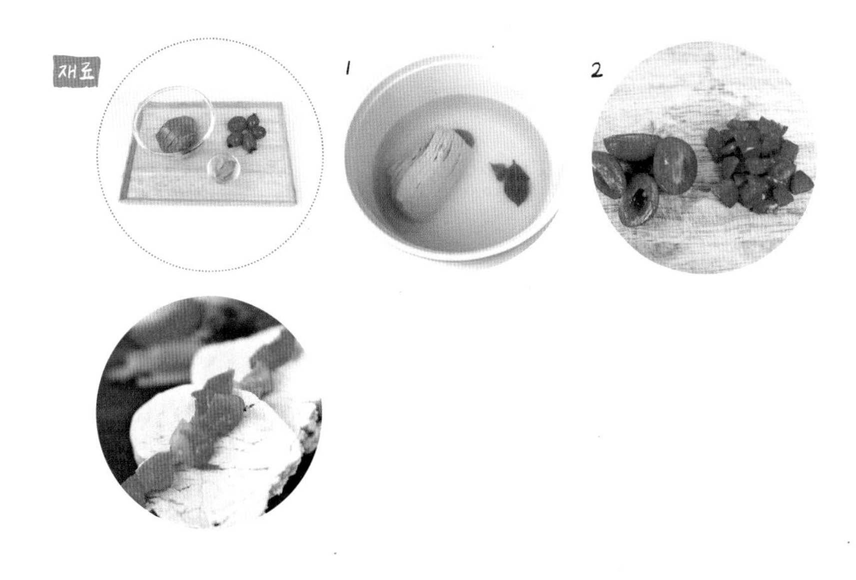

1 냄비에 돼지고기, 월계수잎, 물을 넣고 고기가 푹 익을 때까지 30-40분 정도 익힌다.
2 방울토마토는 씨를 제거하고 작게 다진다.
3 익힌 돼지고기를 식힌 다음 썰어내고, 토마토를 곁들인다.

TIP

돼지안심은 쇠고기와 비교해 저렴하면서도 맛과 영양이 뛰어납니다. 적당한 지방이 있고, 부드러운 근육으로 되어 있으며 냄새가 없습니다. 다른 부위에 비해 지방질이 적어 돼지고기이지만 다이어트에 효과적인 부위입니다. 돼지고기는 때로는 반려동물에게 활력을 가져다 주므로, 지방이 적은 부위를 활용하고 기름기를 제거하여 급여해주세요.

WHITE FISH TOMATO PORRIDGE

18 흰살 생선 토마토죽

- 동태포 80g, 토마토 60g, 봄동 10g, 락토프리 우유 200ml, 밥 100g

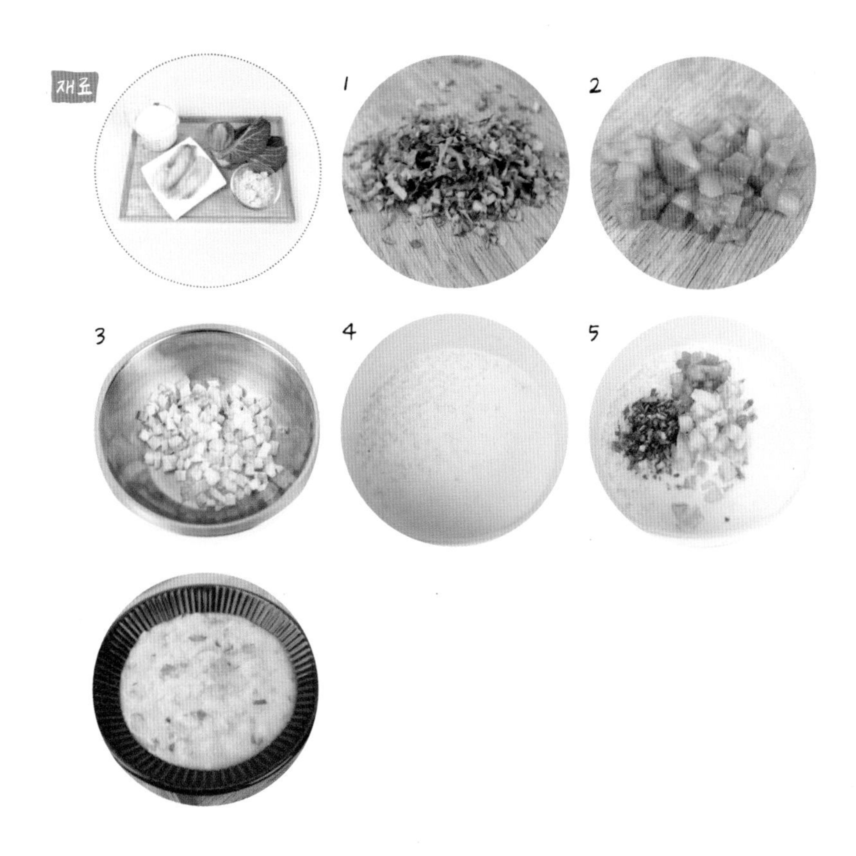

1. 봄동은 깨끗이 씻어 작게 다진다.
2. 토마토는 끓는 물에 데쳐, 껍질과 씨를 제거하고 작게 다진다.
3. 동태포도 다져서 준비한다.
4. 냄비에 밥과 우유를 넣고 끓이다가 동태포를 넣는다.
5. 거의 다 익었을 때쯤 토마토와 봄동을 넣고 완성한다.

TIP

토마토가 덜 익어 초록색일 때는 토마틴이라는 성분이 포함되어 구토, 설사, 복통, 소화불량 등을 일으킬 수 있으므로 덜 익은 토마토는 급여하지 말아주세요. 또 잎과 줄기에 있는 솔라닌은 강아지에게 해로워 생으로 먹여서는 안됩니다. 토마토는 가열 시 솔라닌은 파괴되고 라이코펜의 함량이 높아져서 안심하고 먹일 수 있습니다.

19 흰살 생선 채소 덮밥

- 동태포 100g, 밥 100g, 달걀 1개, 표고버섯 20g, 당근 20g, 애호박 20g, 가다랑어포 5g, 감자전분 1T, 물 500ml

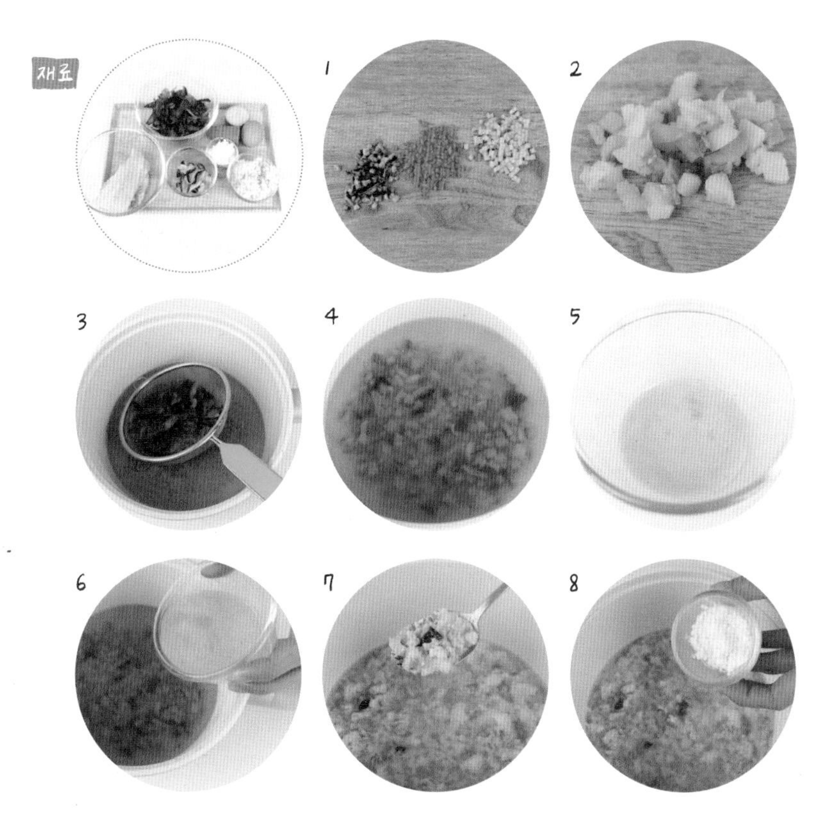

1 동태포, 표고버섯, 당근, 애호박은 작게 다진다.
2 냄비에 물과 가다랑어포를 넣고 끓인 후 가다랑어포를 건져낸다.
3 냄비에 표고버섯, 당근, 애호박을 넣고 끓인다.
4 달걀은 잘 풀어 채소를 넣은 냄비에 넣고 섞어준다.
5 동태포를 넣고 익힌다.
6 감자전분을 넣어 농도를 맞춘다.
7 밥에 부어 완성한다.

TIP

감자전분은 요리할 때, 농도를 조절하는 역할을 해줍니다. 반려동물이 국물 요리를 잘 먹지 못할 때는 감자전분을 사용하면 진득해져 먹기 쉬워집니다. 감자전분은 식으면 소화가 잘 안되는 탄수화물로 변할 수 있어서 그때그때 먹을 만큼 따끈하게 급여하는 것이 좋습니다.

WHITE FISH CAKE

20 흰살 생선 어묵

• 동태포 200g, 당근 40g, 파프리카 20g, 감자전분 50g, 쌀가루10g

1 당근, 파프리카는 작게 다진다.
2 동태포는 물기를 제거하여, 믹서에 갈아 준비한다.
3 볼에 야채와 동태포, 전분을 넣고 잘 섞어준다.
4 20g씩 덜어 동그랗게 빚는다.
5 빚어놓은 어묵 겉면에 전분, 쌀가루를 1:1로 섞어 묻혀준다.
6 끓는 물에 넣어, 떠오르면 건져낸다.

TIP

어묵은 생선의 살을 으깨어 부재료를 넣고 익혀 응고시킨 음식입니다. 끓는 물에 익히는 방법 외에도 찜기에 찌거나, 기름에 튀기는 방법도 있습니다. 기름에 튀길 경우에는 칼로리가 높아지니 주의해주세요.

21 연어 아마란스죽

- 연어 50g, 아마란스 10g, 당근 10g, 애호박 10g, 밥 100g, 물 250ml

1. 당근, 애호박은 작게 다진다.
2. 연어는 사방 0.8cm정도로 썰어 준비한다.
3. 냄비에 손질한 당근, 애호박, 연어와 물을 넣고 뭉근히 끓여준다.
4. 연어가 익으면 아마란스를 넣고 재료가 충분히 익을 때까지 끓인다.

TIP

아마란스는 '시들지 않는 꽃'이라는 의미로, 쌀보다 탄수화물이 적고 단백질과 각종 미네랄이 풍부합니다. 익히는 음식을 만들 때 첨가해주면 부담 없이 먹일 수 있습니다. 따로 줄 때는 약한 불에서 10분 정도 삶아 급여해주세요.

SALMON
SWEET POTATO

22 연어 고구마 밥

- 연어 80g, 고구마 50g, 아마씨가루 5g, 밥 100g, 식물성오일 1t

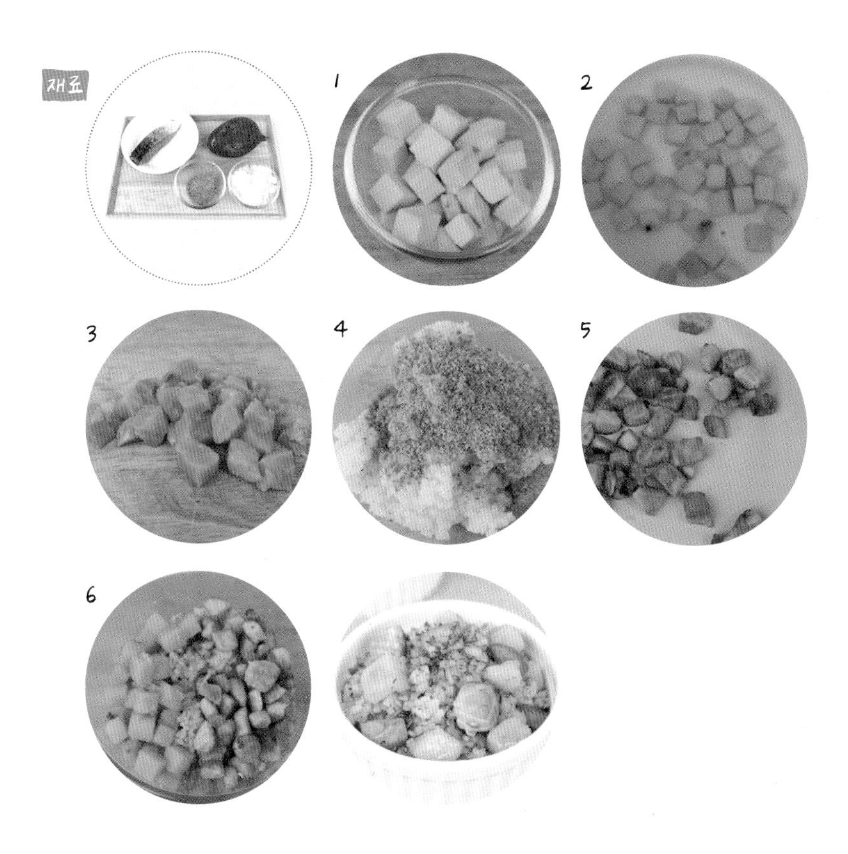

1 밥이 따뜻할 때 아마씨가루를 넣고 섞는다.
2 연어는 사방 1cm 큐브 모양으로 썰어 팬에 구워준다.
3 고구마도 같은 크기로 썰어 끓는 물에서 익혀준다.
4 아마씨를 섞은 밥 위에 구운 연어와 고구마를 섞어 완성한다.

TIP

연어는 오메가3 지방산이 다량 함유되어 있고 혈액순환을 원활하게 하여 면역력을 높이는 데 좋습니다. 연어를 단독으로 급여할 때는 볶는 조리법보다는 스팀으로 찌는 조리법을 이용하면 고유의 수분, 지방, 영양분을 살릴 수 있습니다. 연어는 반려동물에게 매우 기호도가 좋은 식재료입니다.

23 참치 볶음 쌀국수

- 참치 80g, 당근 20g, 양배추 25g, 브로콜리 20g, 쌀국수 40g, 올리브유 1T

1. 참치는 체에 받쳐 기름을 뺀다.
2. 냄비에 물을 넣고 끓으면 참치를 넣고 끓인다.
3. 기름이 제거된 참치를 체로 건져 꽉 짜서 물기를 제거한다.
4. 당근, 브로콜리, 양배추는 작게 다진다.
5. 쌀국수는 미지근한 물에 5분 정도 불린다.
6. 팬에 기름을 두르고 작게 다진 채소를 볶아준다.
7. 팬에 참치와 쌀국수를 넣고 볶는다.
8. 내용물들이 잘 어우러지도록 볶은 다음 한김 식혀 급여한다.

TIP

참치는 기호도가 좋은 식재료이지만, 끓는 물에 넣어 기름과 염분을 꼭 제거하여 사용해야 합니다. 또 참치는 필수영양소가 부족하여 참치만 많이 급여하면 영양실조에 걸릴 수 있습니다. 다양한 채소를 함께 이용하여 급여해 주세요.
쌀국수 면은 길이가 길어 목에 걸릴 수 있으니 급여 시 잘라주세요.

24 두부 샌드위치

• 두부 500g, 감자 150g, 당근 20g, 애호박 20g, 무염 치즈 2장, 카놀라유 1T

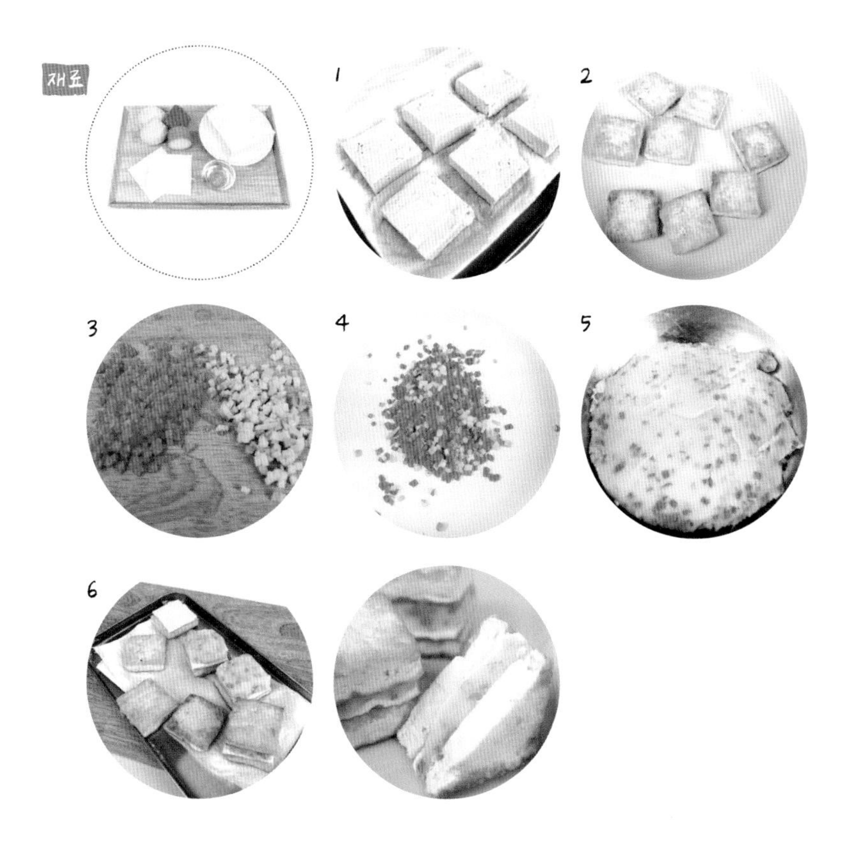

1 두부는 키친타월로 물기를 제거하고, 5×5cm로 잘라 팬에 바싹 구워준다.
2 감자는 껍질을 벗겨 끓는 물에 익힌 다음 으깬다.
3 당근과 애호박은 작게 다져서 으깬 감자와 섞어준다.
4 구운 두부 위에 치즈를 올리고 으깬 감자 샐러드를 올리고 두부를 다시 올려 샌드위치 모양으로 만든다.

TIP

치즈는 무염 치즈를 사용하고, 슬라이스 치즈 대신 코티지 치즈를 직접 만들어서 사용해도 좋습니다. 부드러운 식감으로 이유기의 강아지나 노령견에게 좋은 메뉴입니다.
코티즈 치즈는 우유를 응고시킨 후 숙성시키지 않은 상태로 만든 치즈로 우유를 소화하지 못하는 반려동물에게 단백질을 제공할 수 있고 입맛을 돋구기 위한 토핑으로 자주 사용하는 재료입니다.

25 코코넛 고구마 스프

- 고구마 300g, 락토프리 우유 200ml, 코코넛가루 30g

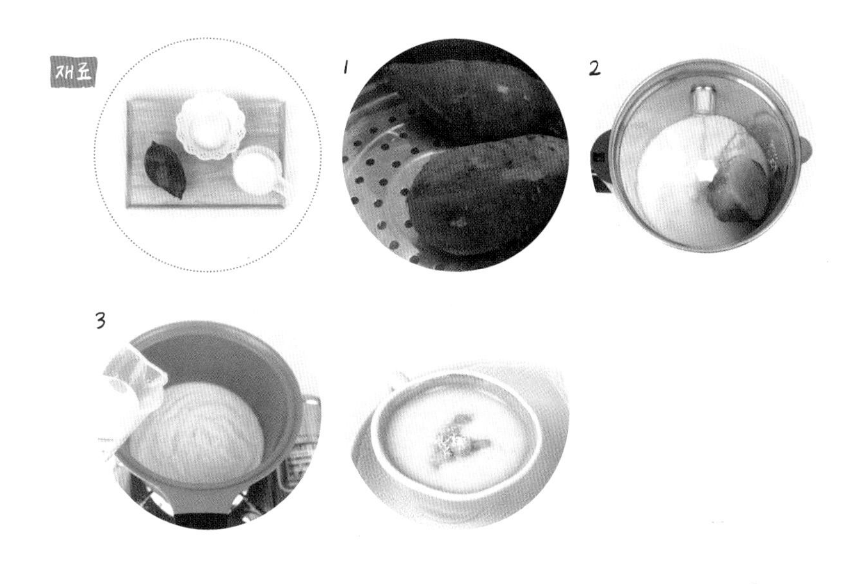

1 고구마는 깨끗이 씻어 끓는 물에서 20분간 삶아 익힌다.

2 믹서에 껍질 깐 고구마와 우유, 코코넛가루를 넣고 갈아준다.

3 갈아준 고구마, 우유, 코코넛가루를 냄비에 넣고 뭉근히 끓인다.

TIP

단맛이 나는 고구마와 코코넛가루를 넣어 기호성이 높은 메뉴입니다. 고구마는 껍질에 항산화 물질인 안토시아닌이 풍부하여 껍질째 먹는 것이 좋지만 고구마 스프를 만들 땐 속살만 사용합니다. 고구마를 잘랐을 때 나오는 흰색 액체는 '야리핀'이라는 물질로 변을 부드럽게 해 변비에 효과적이지만 많이 급여하면 무른 변의 원인이 됩니다.

SWEET PUMKIN GNOCCHI

26 단호박 뇨끼

- 단호박 300g, 시금치 10g, 밀가루(중력) 100g, 락토프리 우유 200ml

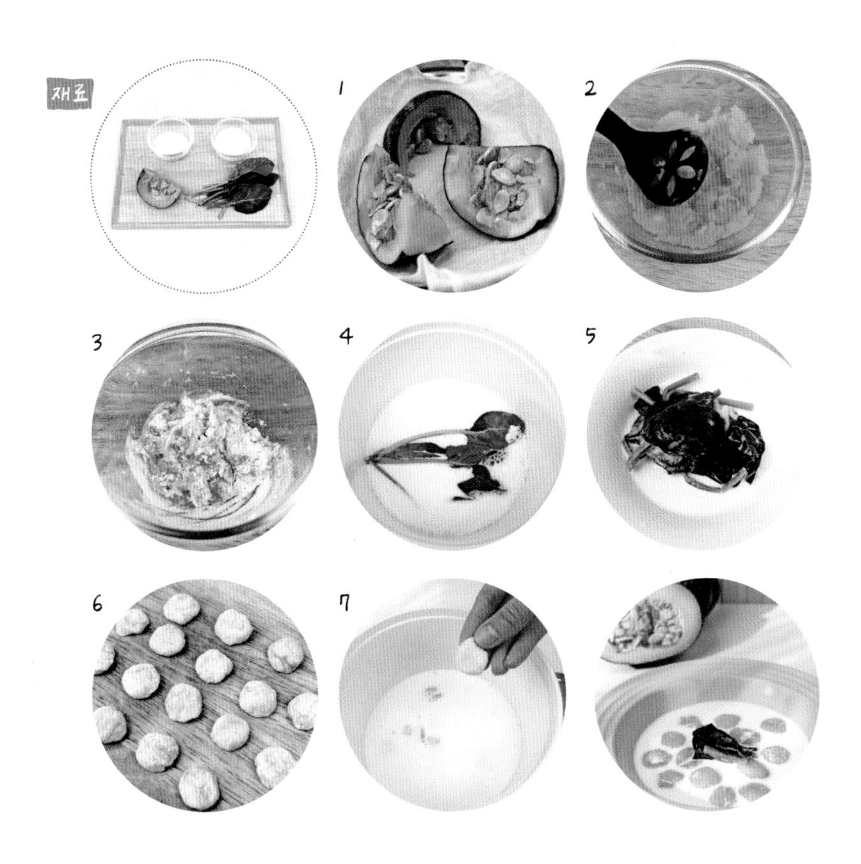

1 단호박은 찜기에 찐 다음 껍질을 제거한다.
2 볼에 찐 단호박과 밀가루를 넣고 반죽한 다음, 납작하게 빚는다.
3 냄비에 우유를 넣고 끓으면, 시금치를 넣고 살짝 데친다.
4 시금치를 건져내고, 끓인 우유에 단호박 뇨끼를 넣어 익힌다.
5 그릇에 단호박 뇨끼를 옮기고, 데친 시금치를 올려준다.

TIP

뇨끼는 이탈리아의 수제비라고 불려요. 감자를 넣어 쫄깃하게 만든 기본 뇨끼를 응용하여 색이 예쁜 단호박을 넣어 응용한 레시피랍니다. 단호박은 당근과 함께 풍부한 베타카로틴이 비타민 A로 전환되어 눈건강에 좋고 풍부한 비타민 B, C는 감기 예방에 탁월하며 달콤한 맛과 부드러운 식감으로 자연식에서 자주 애용되는 식재료입니다. 단호박 외에 감자, 고구마를 이용해서 만들어도 좋아요.

CARROT TOFU
PUDDING

27 당근 두부 푸딩

• 당근 150g, 두부 250g, 락토프리 우유 200ml, 한천가루 2T

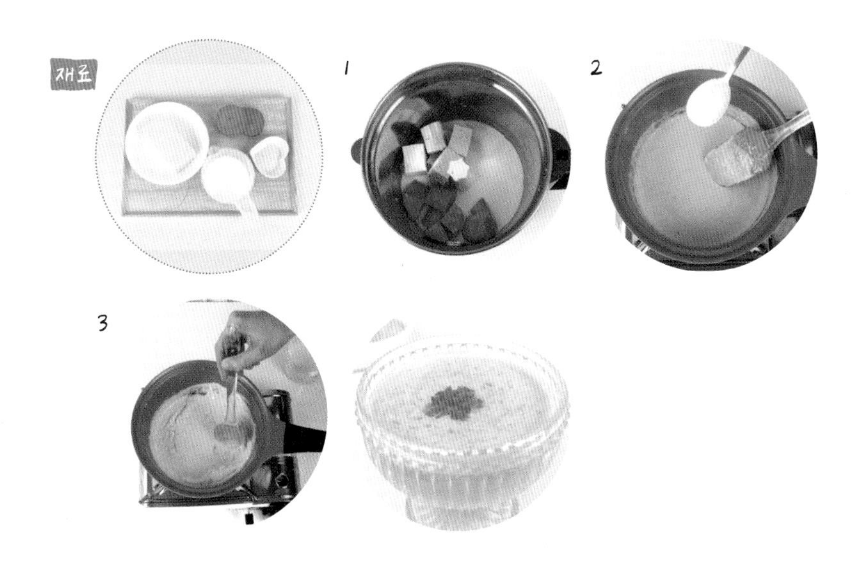

1 당근은 껍질을 벗기고, 두부는 물기를 제거한다.
2 믹서기에 당근, 두부, 우유를 넣고 갈아준다.
3 갈아준 당근, 두부, 우유를 냄비에 옮겨담고 끓이다가 한천가루를 넣는다.
4 용기에 붓고 냉장고에서 굳혀준다.

TIP

한천은 식물성 성분으로 바닷속의 해조류, 우뭇가사리에서 추출한 재료입니다. 젤라틴과 비교하여 칼로리가 더 낮고, 젤라틴보다 다소 단단한 질감으로 완성됩니다.
반려동물 푸딩이나 우유껌 등을 만들 때 자주 사용됩니다.
당근은 반려동물 자연식을 만들때 자주 사용하는 식재료로 베타카로틴이 많이 함유되어 있어 반려동물의 눈건강에 도움을 줍니다. 베타카로틴은 껍질 부위에 많아 당근을 깨끗이 닦아 껍질을 벗기지 않고 사용해도 좋고, 날로 먹는 것보다 기름에 살짝 볶는 것이 영양가가 더 높아집니다. 또한 당근이 함유하고 있는 섬유소 팬틴은 콜레스테롤을 낮추는 효과와 장 운동을 도와줍니다.

28 브로콜리 월남쌈

• 브로콜리 70g, 방울토마토 70g, 고구마 300g, 닭가슴살 100g, 라이스페이퍼 4장

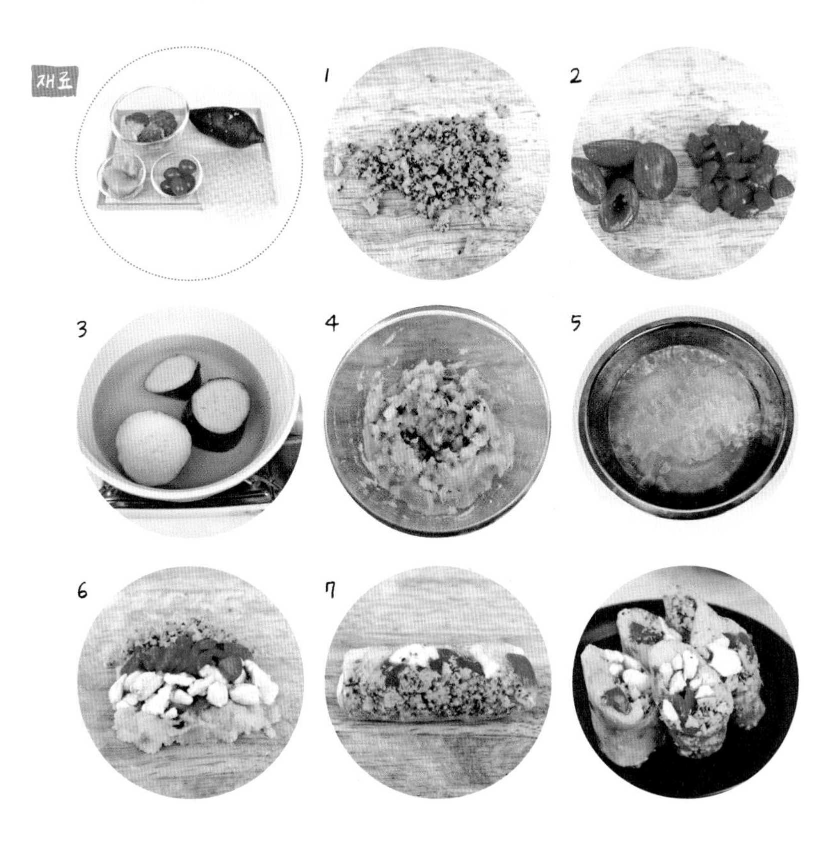

1 브로콜리는 데친 다음, 작게 다진다.

2 방울토마토는 열십자를 내어 끓는 물에서 껍질과 씨를 제거하고. 작게 다진다.

3 고구마는 찐 다음, 껍질을 벗겨 으깨준다.

4 닭가슴살은 작게 다진 다음, 팬에 볶는다.

5 물에 적신 라이스페이퍼에 으깬 고구마, 브로콜리, 토마토, 닭가슴살을 넣고 말아준다.

TIP

라이스페이퍼는 쌀가루와 물로 만들어, 사용하기 전에 물에 적셔줘야 합니다. 기호성을 높이기 위해 완성된 브로콜리 월남쌈을 튀겨주어도 좋습니다. 튀길 때는 갈색이 날 때까지 충분히 익혀주세요.
브로콜리는 비타민과 미네랄이 균형있게 함유되어 있어, 면역증진, 질병예방에 아주 좋은 식재료로, 비타민C 베타카로틴 함유량이 높아 항산화에 도움을 줍니다. 다만, 비타민A 베타카로틴을 과잉 섭취 시에는 독성효과가 있어 급여할 때 주의해주세요.

04
반려동물 집밥 레시피 : 베이커리

Home made Food
for Companion Animal

옥수수 참치 머핀
바나나 코코넛 머핀

당근 오트밀 머핀

오리 시금치 머핀

소고기 캐롭 머핀

Home Baking
for Companion Animal

01 사과 쿠키

• 박력쌀가루 80g, 사과 70g, 코코넛가루 30g, 달걀 30g, 오일 20g

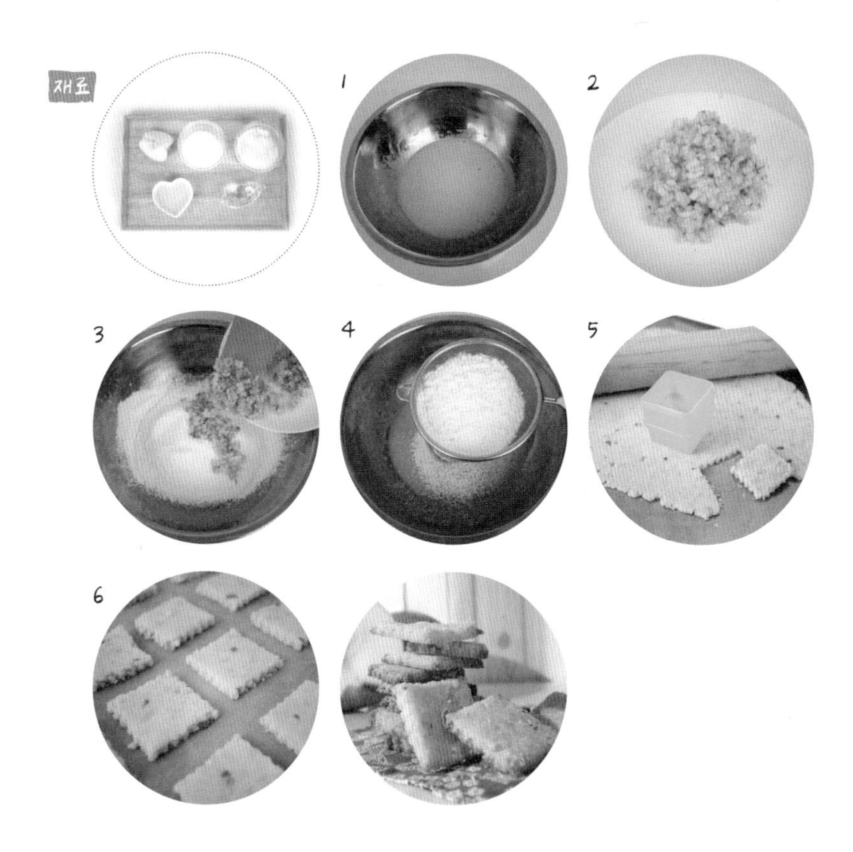

1 오일과 달걀은 볼에 넣고 거품기로 섞는다.
2 사과는 작게 다진 다음 볼에 넣어 섞는다.
3 체에 내린 쌀가루와 코코넛가루를 넣고 #자로 그으며 섞는다.
4 반죽을 두께 3mm정도가 되도록 밀대로 민다.
5 쿠키커터로 모양을 찍은 후 180도로 예열된 오븐에 15-20분 굽는다.

TIP

사과는 다른 과일과 같이 보관하면 다른 과일이 빨리 익기 때문에, 따로 봉지에 넣어 보관하는 것이 좋아요. 사과 껍질의 퀄세틴은 항바이러스, 항균작용에 도움을 주므로 껍질째 급여하면 좋습니다. 과일의 씨 주변은 반려동물들에게 좋지 않으므로 과육 부분을 급여합니다.

CHEESE HONEY COOKIE

02 치즈 허니 쿠키

- 박력쌀가루 60g, 코티지 치즈 60g, 오일 25g, 달걀 20g, 꿀 10g

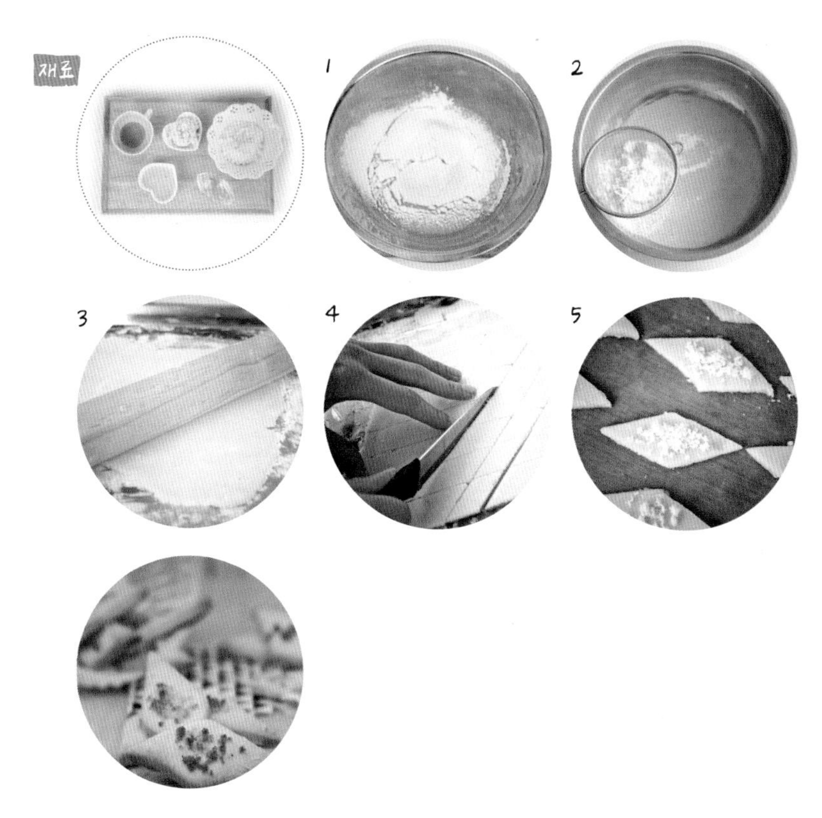

1 락토프리 우유로 코티지 치즈를 만든다. 만든 치즈 중에서 20g은 토핑용으로 따로 분리한다.
2 오일, 달걀, 꿀은 거품기로 잘 섞는다.
3 박력쌀가루를 체쳐서 넣고, 만들어둔 나머지 코티지 치즈도 넣어서 잘 섞어준다.
4 반죽을 두께 3mm로 밀고 모양내어 자른다.
5 팬닝하고 남겨둔 토핑용 코티지 치즈를 반죽 위에 올려준다.
6 170도로 예열된 오븐에서 15-20분 정도 굽는다.

TIP

꿀은 과당으로 천연당 중에 가장 단맛이 강하고 열량이 높습니다. 기력이 떨어진 반려동물에게 급여하면 피로와 기력회복에 도움을 주지만, 흡수가 빠르고 칼로리가 높으므로 많은 양을 급여하면 비만이 될 수 있으므로 주의해 주세요.

03 비트 닭가슴살 쿠키

- 박력쌀가루 50g, 닭가슴살 100g, 비트 10g, 오일 25g, 달걀 20g

1 닭가슴살은 다져서 준비한다.
2 비트는 작게 다진다.
3 오일, 달걀을 잘 섞고, 박력쌀가루를 체쳐서 섞는다.
4 닭가슴살과 비트를 넣고 잘 섞는다.
5 반죽은 동그랗게 만들어 준다.
6 180도에서 예열된 오븐에 20~25분 굽는다.

TIP

비트는 색소를 넣지 않고, 완성품의 색을 바꿀 수 있는 식재료입니다. 너무 많은 양을 넣게 되면 반죽이 새빨갛게 변해서 어떤 다른 재료가 들어갔는지 알 수 없으니, 적당량을 넣어주세요. 비트를 많이 섭취했을 경우 변에서 빨갛게 묻어나올 수 있어요. 비트는 단맛과 씹는 맛이 좋고 빈혈에 좋은 채소입니다. 비트에 부족한 단백질을 충족시켜 줄 닭가슴살은 궁합이 잘 맞는 식재료입니다.

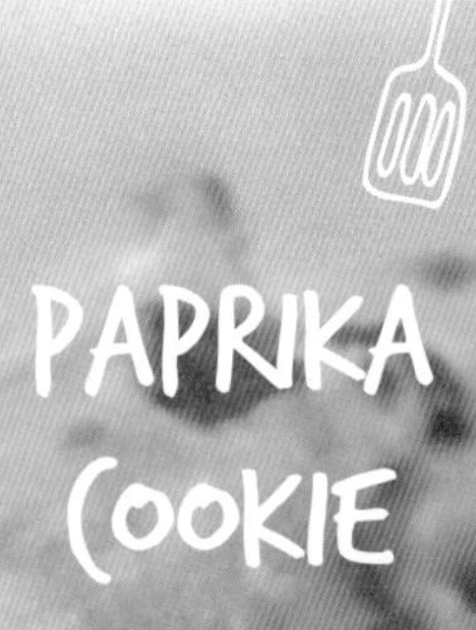

PAPRIKA COOKIE

04 파프리카 쿠키

• 박력쌀가루 50g, 달걀 20g, 오일 25g, 파프리카 40g

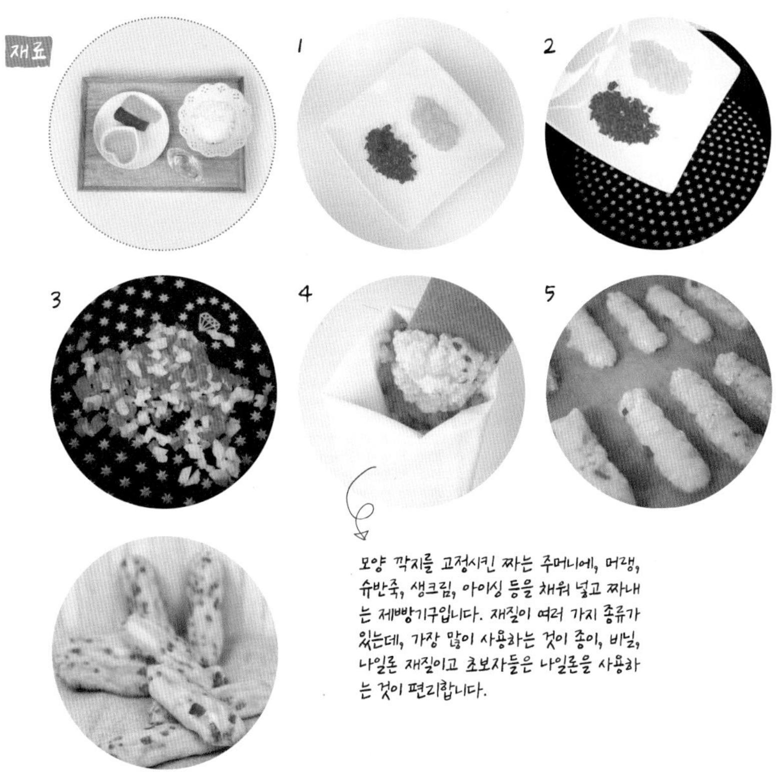

1 오일과 달걀은 볼에서 잘 섞는다.
2 파프리카는 작게 다져서 팬에 기름 없이 볶아준다.
3 오일과 달걀이 있는 볼에 쌀가루를 체쳐서 넣고 잘 섞는다.
4 볶은 파프리카는 키친타월로 수분을 제거하고 볼에 넣어 잘 섞어준다.
5 반죽을 짤주머니에 넣고 스틱 모양으로 길게 짠다.
6 180도로 예열된 오븐에 15-20분 굽는다.

TIP

파프리카는 화려한 색의 채소로 비타민이 풍부합니다. 파프리카는 기름에 살짝 볶아 먹는 것이 비타민A의 흡수율을 높여줍니다. 짤주머니가 없을 때는 지퍼팩을 잘라 사용하거나, 지퍼백에 반죽을 담아 편편하게 네모 반듯하게 넣은 다음 냉동실에서 휴지시킨 후 칼로 잘라 굽는 것도 좋습니다.

SPINACH CARROT LOLLIPOP COOKIE

05 시금치 당근 롤리팝 쿠키

- 시금치 반죽 : 시금치 100g, 박력쌀가루 100g, 달걀 1개, 오일 30g
  당근 반죽 : 당근 100g, 박력쌀가루 100g, 달걀 1개, 오일 30g

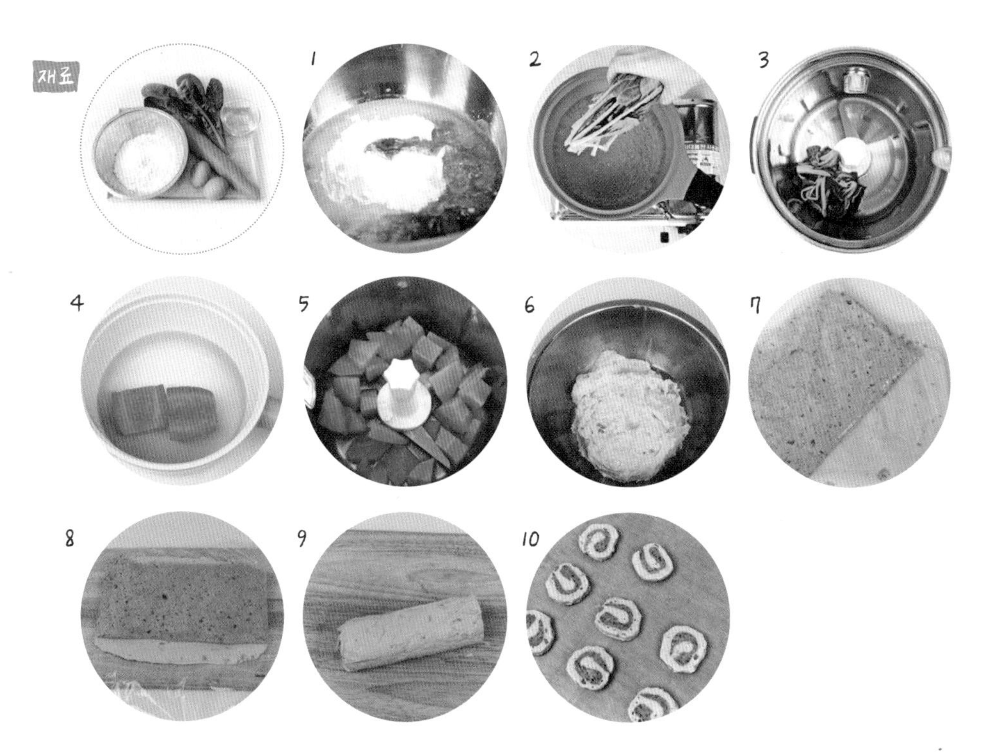

1. 시금치 반죽과 당근 반죽에 달걀과 오일을 각각 잘 섞는다.
2. 시금치는 살짝 데쳐 믹서기에 갈아준다.
3. 달걀과 오일을 넣은 반죽에 쌀가루를 체치고 믹서기에 간 시금치와 당근을 넣어 반죽한다.
4. 각각의 반죽을 지퍼백에 넣고 0.3mm 정도로 펴준 뒤 한 시간 정도 냉동 휴지시킨다.
5. 당근 반죽의 재료들을 동일한 과정으로 반죽한다.
6. 두 반죽을 겹쳐 놓고 돌돌만 뒤, 랩으로 겉을 감싸 한 시간 정도 냉동실에 굳힌다.
7. 잘 굳은 반죽을 일정한 두께로 썰어 모양을 잡은 뒤 170도에서 20분-25분 정도 굽는다.

TIP

시금치는 수산칼슘 결석의 원인이 될 수 있으므로 급여 시 데쳐서 떫은 맛을 없앤 후 급여하는 것이 좋습니다. 롤리팝 쿠키를 만들 때는 원재료를 익혀서 갈아 반죽해도좋고, 파우더를 사용하면 좀 더 편합니다. 롤리팝은 두 가지 재료의 색상의 조합이므로 단호박, 당근, 자색고구마, 비트 등 다양한 색감을 활용할 수 있습니다. 냉동실에서 휴지를 잘 시켜주어야 색이 섞이지 않고 쿠키가 예쁘게 구워집니다.

06 아마란스 감자 머핀

- 아마란스 10g, 감자 100g, 박력쌀가루 100g, 오일 30g, 달걀 1개, 물 70ml

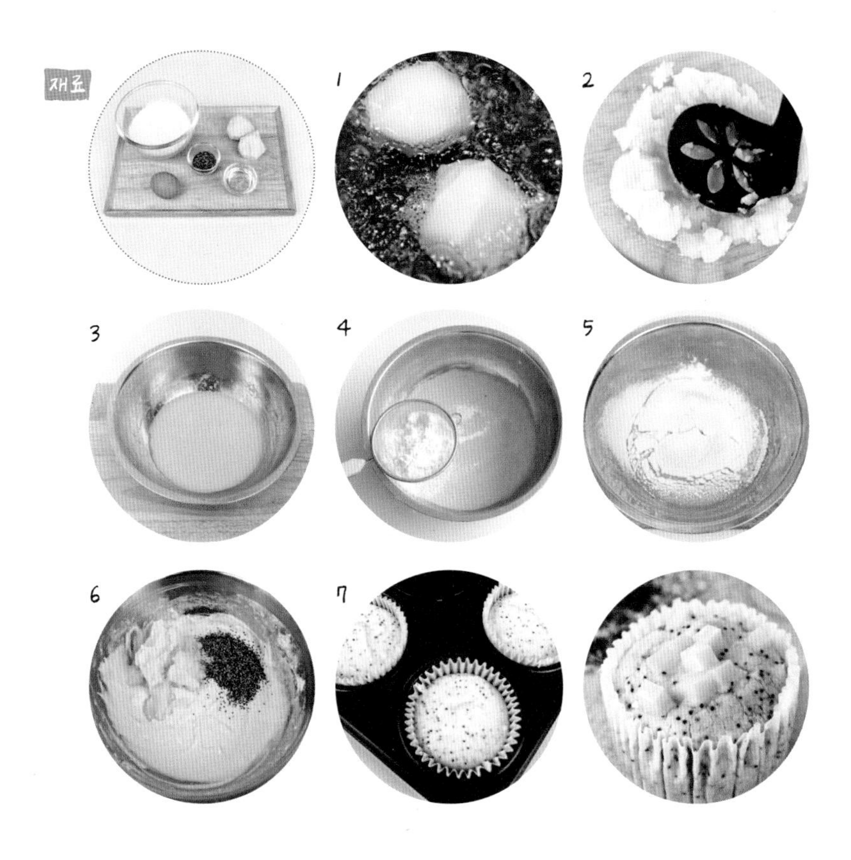

1 감자는 껍질을 벗기고 끓는 물에 삶아, 으깬다.
2 볼에 오일과 달걀을 넣고 잘 풀어준다.
3 볼에 박력쌀가루를 체친 뒤 분량의 물을 넣고 잘 섞는다.
4 으깨놓은 감자와 아마란스를 넣고 잘 섞는다.
5 머핀컵에 반죽을 3/4정도 채운 후 180도로 예열된 오븐에서 25-30분간 굽는다.

TIP

신이 내린 잡곡이라 불리는 아마란스는 단백질이 풍부하고 식물성 스쿠알렌을 함유하고 있어 신이 내린 곡물, 슈퍼곡물, 슈퍼씨드로 유명합니다. 성장기의 성장과 성인병 예방에 탁월한 효능을 갖춘 건강식품입니다.

CORN & TUNA MUFFIN

07 옥수수 참치 머핀

- 말린 옥수수알 50g, 참치 20g, 박력쌀가루 100g, 오일 30g, 달걀 1개, 물 100ml

1 말린 옥수수알은 물에 8시간 이상 불려 준비한다.
2 참치는 기름을 빼고 한번 끓여 내, 물기를 제거한다.
3 분량의 물과 불린 옥수수알, 참치를 믹서에 넣고 간다.
4 볼에 오일과 달걀을 넣고 잘 풀어준다.
5 볼에 박력쌀가루를 체친 뒤 잘 섞는다.
6 믹서기에 갈아 놓은 옥수수알과 참치를 볼에 넣고 잘 섞는다.
7 머핀컵에 반죽을 3/4정도 채운 후 180도로 예열된 오븐에서 25-30분간 굽는다.

TIP

저품질의 사료에 값싼 원료로 옥수수가 많이 사용되어 옥수수를 먹지 말아야 한다는 이야기가 많습니다. 옥수수는 지방함량이 적고 식이섬유가 많아 다이어트에 도움이 되고 변비예방에 좋습니다. 톡톡 터지는 식감이 좋은 옥수수를 오래 보관하기 위하여 말려 보관을 하는데, 말린 옥수수는 잘 불리고 잘 익혀주세요. 옥수수에 알레르기 반응을 일으키는 반려견에게는 급여를 주의해 주세요.

08 블랙베리 치즈 머핀

- 블랙베리 70g, 코티지 치즈 30g, 박력쌀가루100g, 오일 30g, 달걀 1개, 물 70ml

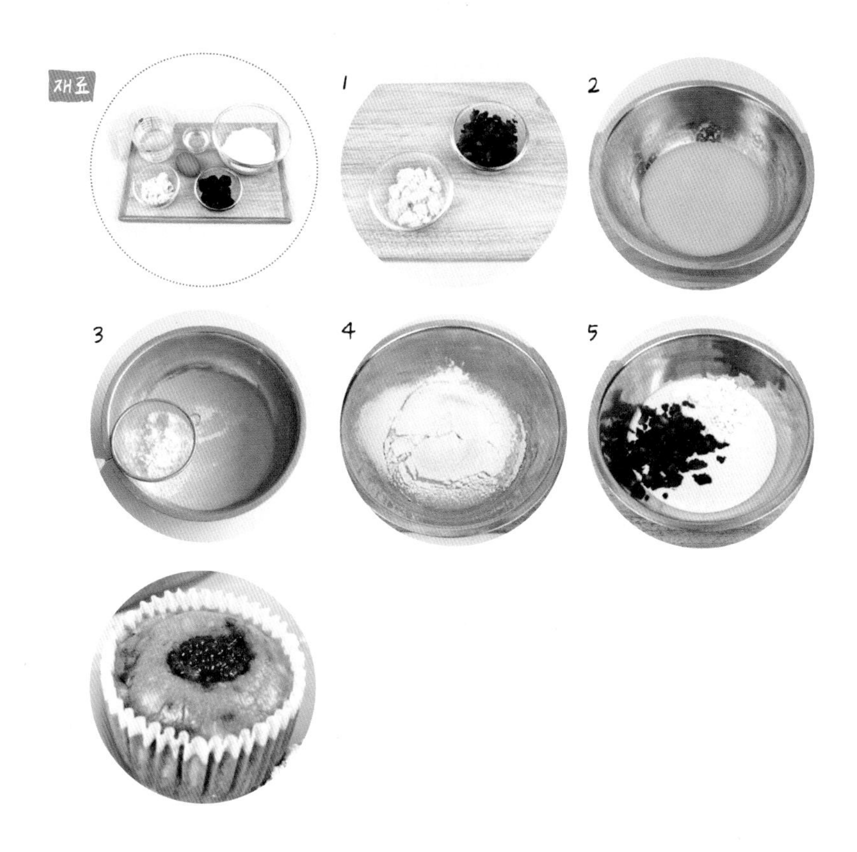

1 코티지 치즈를 만들어 준비해 둔다.
2 블랙베리는 3-4알 정도 남기고 작게 다진다.
3 볼에 오일과 달걀을 넣고 잘 풀어준다.
4 볼에 박력쌀가루를 체친 뒤 분량의 물을 넣고 잘 섞는다.
5 다져놓은 블랙베리와 코티지 치즈를 넣고 잘 섞는다.
6 머핀컵에 반죽을 3/4정도 채운 후 남겨둔 블랙베리로 장식하고 180도로 예열된 오븐에서 25-30분간 굽는다.

TIP

블랙베리는 왕의 열매로 불리는 슈퍼푸드로 면역력이 강화되고 눈 건강증진, 다이어트와 간기능개선 항산화작용에 도움이 됩니다. 다른 베리류와 함께 요즘 많이 사용되는 식재료인데, 생과일의 경우에는 신맛이 강해 기호도가 떨어질 수 있습니다.

POLLACK EGG MUFFIN

09 황태 달걀 머핀

• 황태 20g, 달걀 2개, 박력쌀가루 100g, 오일 30g, 물 70ml

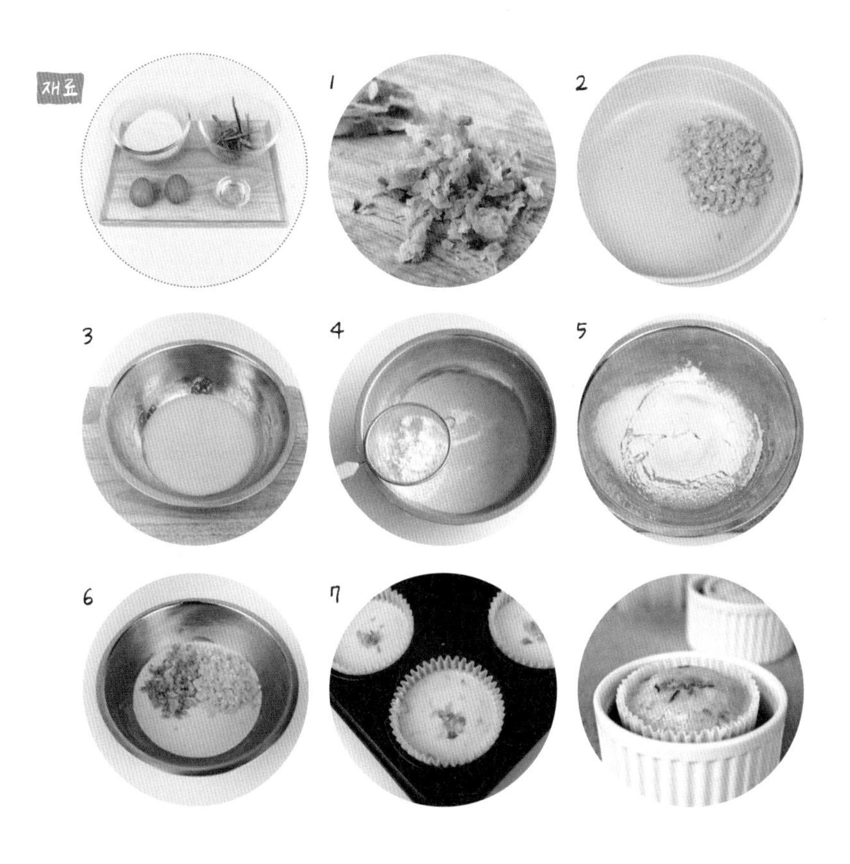

1 황태는 물에 불려 물기를 제거하고, 작게 다진다.
2 달걀 1개는 팬에서 스크램블에그한다.
3 볼에 오일과 남은 달걀 1개를 넣고 잘 풀어준다.
4 볼에 박력쌀가루를 체친 뒤 분량의 물을 넣고 잘 섞는다.
5 다져놓은 황태와 스크램블에그한 달걀을 넣고 잘 섞는다.
6 머핀컵에 반죽을 3/4정도 채운 후 180도로 예열된 오븐에서 25-30분간 굽는다.

TIP

황태는 필수아미노산이 풍부하고 고단백 저지방 식품으로 영양가가 높아 기력회복과 신진대사를 활성화 시켜 줍니다. 황태는 간을 보호해주고 북어와 달걀은 단백질의 효율을 상승시켜 주는 궁합이 잘 맞는 식재료입니다.

CHICKPEA MUFFIN

10 병아리콩 머핀

- 병아리콩 100g , 달걀 2개, 박력쌀가루 100g, 카놀라유 30g, 락토프리 우유 100ml, 올리고당 30g

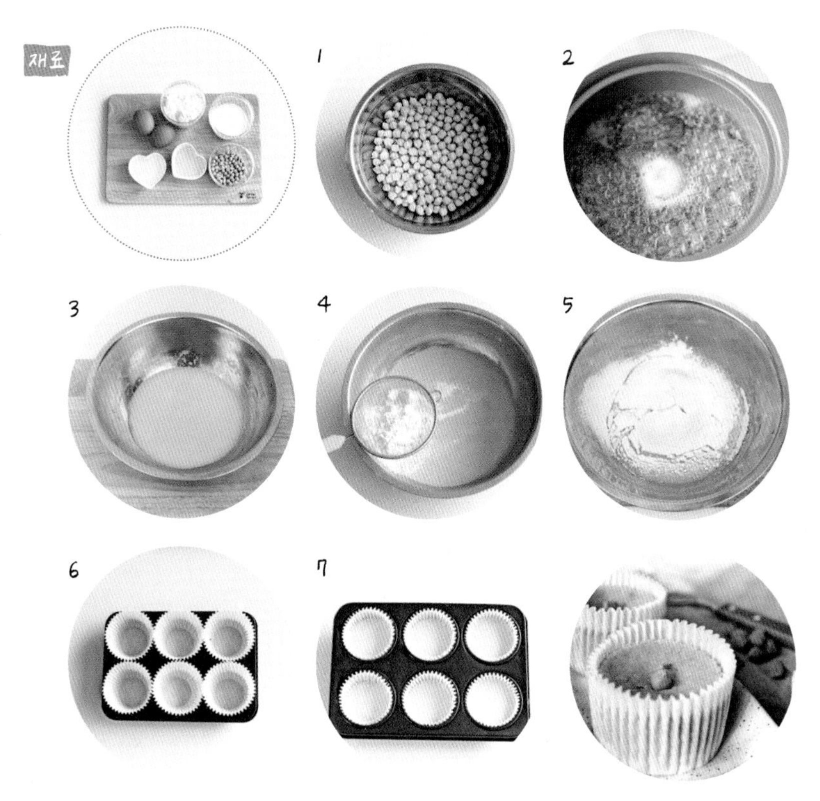

1 병아리콩은 8시간 이상 불린 다음, 20분간 푹 익힌다.
2 머핀 위에 장식할 2T 정도의 병아리콩을 남겨두고, 나머지는 우유와 함께 믹서기에 간다.
3 볼에 카놀라유와 달걀 2개, 올리고당을 넣고 잘 풀어준다.
4 볼에 박력쌀가루를 체친 뒤 잘 섞는다.
5 볼에 갈아놓은 병아리콩을 넣고 잘 섞는다.
6 머핀컵에 반죽을 3/4정도 채운 후, 남겨 둔 병아리콩을 올린 다음 180도로 예열된 오븐에서 25-30분간 굽는다.

TIP

병아리콩은 병아리 머리를 닮았다고 하여 병아리콩으로 불리는데, 다른 이름으로는 이집트콩, 칙피라고도 불립니다. 병아리콩은 단백질과 칼슘, 식이섬유가 많아 다이어트에 도움을 주고, 변비, 설사, 복부팽만할 때 도움이 되는 식품입니다. 국내에 판매되는 병아리콩은 멀리 미국, 인도 등지에서 들어오기 때문에 완전 건조되어 들어와 매우 단단하니 꼭 많이 불려 잘 삶아 사용하고, 매번 하기 힘드니, 미리 삶아 놓은 후 냉동실에 보관하면 사용하기 편리합니다.

11 오리 시금치 머핀

- 오리 안심 50g, 시금치 30g, 박력쌀가루 100g, 오일 30g, 달걀 1개, 물 70ml

1 시금치는 끓는 물에 데치고, 물기를 제거한 다음 다져서 준비한다.
2 오리가슴살은 작게 다진다.
3 볼에 오일과 달걀을 넣고 잘 풀어준다.
4 볼에 박력쌀가루를 체친 뒤 분량의 물을 넣고 잘 섞는다.
5 다져놓은 오리와 시금치를 넣고 잘 섞는다.
6 머핀컵에 반죽을 3/4정도 채운 후 180도로 예열된 오븐에서 25-30분간 굽는다.

TIP

일반 사람을 위한 베이커리는 흰자의 머랭을 설탕으로 고정시키지만 반려동물 베이커리에는 설탕이 들어가지 않기 때문에 오븐에서 꺼낸 후 모양이 꺼질 수 있으니 팬닝할 때 소복이 하세요.

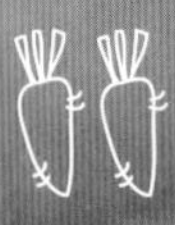

CARROT OATMEAL MUFFIN

12 당근 오트밀 머핀

• 당근 60g, 오트밀 30g, 박력쌀가루 100g, 오일 30g, 달걀 1개, 물 70ml

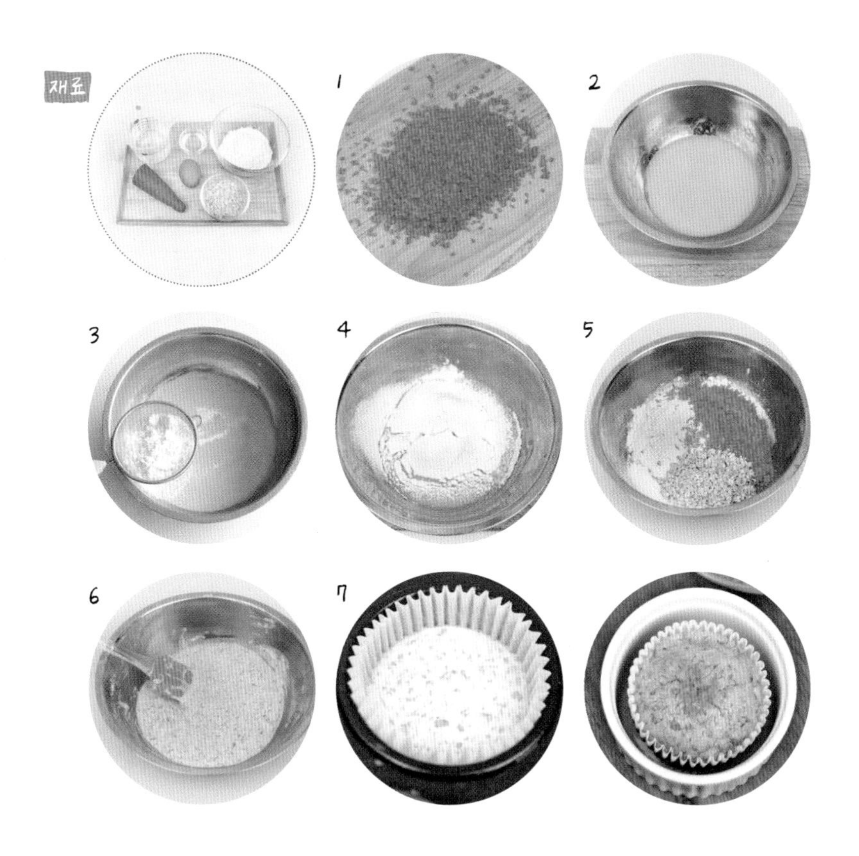

1 당근은 작게 다진다.

2 볼에 오일과 달걀을 넣고 잘 풀어준다.

3 볼에 박력쌀가루를 체친 뒤 분량의 물을 넣고 잘 섞는다.

4 다진 당근과 오트밀을 넣고 잘 섞는다.

5 머핀컵에 반죽을 3/4정도 채운 후 180도로 예열된 오븐에서 25-30분간 굽는다.

TIP

귀리는 반려동물에게 좋은 곡물입니다. 다른 곡물에 비해 칼로리당 단백질 함량이 높고 아미노산, 비타민, 칼슘 등이 많아 곡물의 왕이라고도 불립니다. 귀리는 톡톡 터지는 식감으로 혹 반려동물이 소화가 어려울 수 있어 눌린 귀리인 오트밀을 활용합니다.
오트밀은 칼로리가 낮고 다이어트 효과에도 좋고 당뇨에도 좋은 곡물입니다.

BEEF CAROB MUFFIN

13 쇠고기 캐롭 머핀

• 쇠고기(다짐육) 50g, 캐롭파우더 10g, 박력쌀가루 100g, 오일 30g, 달걀 1개, 물 70ml

1 쇠고기는 키친타월로 핏물을 제거해준다.
2 볼에 오일과 달걀을 넣고 잘 풀어준다.
3 볼에 박력쌀가루를 체친 뒤 분량의 물을 넣고 잘 섞는다.
4 쇠고기와 캐롭파우더를 넣고 잘 섞는다.
5 머핀컵에 반죽을 3/4정도 채운 후 180도로 예열된 오븐에서 25-30분간 굽는다.

TIP

일반적으로 사람을 위한 베이커리는 머랭을 쳐서 설탕으로 거품을 꺼지지 않게 고정시키지만 반려동물을 위한 베이커리에는 설탕을 쓰지 않기 때문에 구운 후 모양이 꺼질 수 있습니다. 반죽을 넣을 때 소복이 넣으면 머핀이 예쁘게 나옵니다.

TUNA BROCCOLI MUFFIN

14 참치 브로콜리 머핀

• 참치 50g, 브로콜리 30g, 박력쌀가루 100g, 오일 30g, 달걀 1개, 물 120ml

1 참치는 기름을 빼고 한번 끓여 물기를 제거한다.
2 브로콜리는 끓는 물에 데친다.
3 믹서기에 참치, 브로콜리, 물을 70ml를 넣고 갈아준다.
4 볼에 오일과 달걀을 넣고 잘 풀어준다.
5 볼에 박력쌀가루를 체친 뒤 잘 섞는다.
6 갈아놓은 참치와 브로콜리, 물 50ml를 넣고 잘 섞는다.
7 머핀컵에 반죽을 3/4정도 채운 후 180도로 예열된 오븐에서 25-30분간 굽는다.

TIP

브로콜리는 비타민C가 레몬의 2배 이상이고 감기 예방, 카로틴 성분은 피부와 점막에 저항력을 강하게 해주어 피부미용에 좋고 항암에 좋은 식재료입니다.

15 바나나 코코넛 머핀

• 바나나 3개, 코코넛파우더 10g, 박력쌀가루 100g, 오일 30g, 달걀 1개, 물 50ml

1 바나나는 껍질을 벗겨 으깨준다.
2 볼에 오일과 달걀을 넣고 잘 풀어준다.
3 볼에 박력쌀가루를 체친 뒤 분량의 물을 넣고 잘 섞는다.
4 으깬 바나나와 코코넛파우더를 넣고 잘 섞는다.
5 머핀컵에 반죽을 3/4정도 채운 후 180도로 예열된 오븐에서 25-30분간 굽는다.

TIP

바나나는 비타민과 칼륨, 펙틴 등을 많이 함유하고 있습니다. 바나나의 칼륨이 나트륨의 배출을 돕고 혈압을 일정하게 유지하는 것을 도와줍니다. 피로회복효과와 질병으로 기력이 없는 반려동물에게 급여해도 좋습니다. 펙틴은 장운동을 도와 설사하는 것을 진정시키고, 독소를 배출, 해독하는 작용도 하지만, 위장이 안좋거나 당뇨가 있는 동물들에게는 주의해서 급여해야 합니다.

16 쇠고기볼 단호박 케이크

- 타르트 시트지: 박력쌀가루 100g, 우유 30ml, 오일 15g, 달걀 1개
  필링: 단호박 500g
  토핑: 쇠고기(다짐육) 150g, 당근 10g, 브로콜리 10g

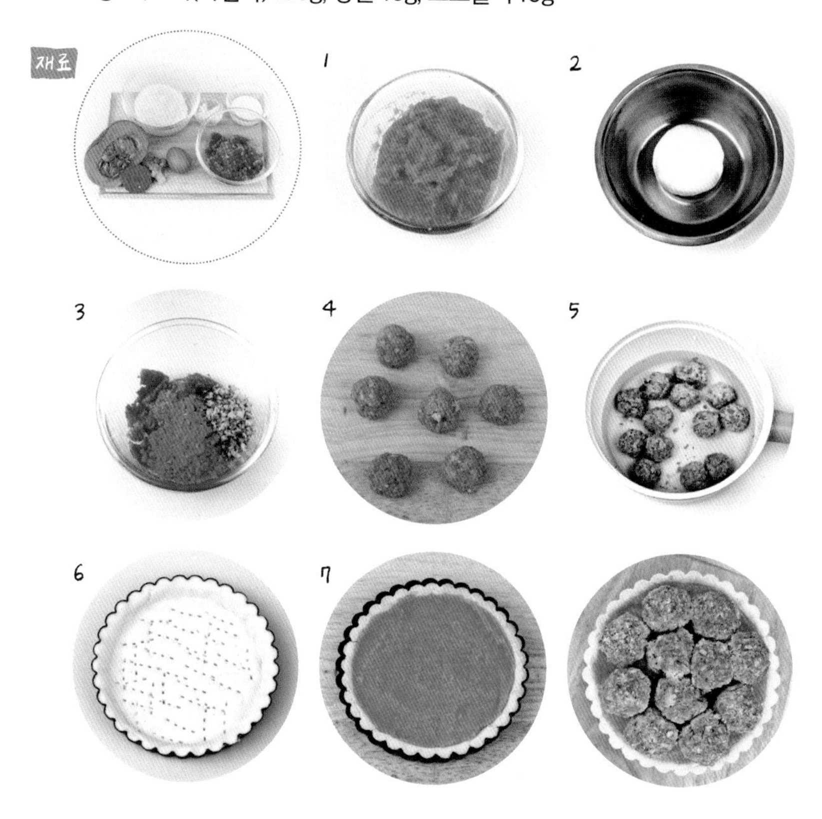

1 단호박은 찜기에 찐 다음, 으깨서 준비한다.
2 타르트 시트지 재료를 잘 섞어 냉동실에 30분 정도 휴지 시킨다.
3 토핑으로 올릴 소고기볼은 당근과 브로콜리를 다져서 쇠고기와 섞은 다음, 잘 치대 동그란 모양으로 만들어 끓는 물에 익힌다.
4 타르트지는 얇게 밀어 타르트 팬에 반죽을 담고 포크로 찍어준다.
5 타르트틀을 180도로 예열한 오븐에서 15분 정도 굽는다.
6 구워진 시트지는 식힌 후 으깬 단호박을 채우고 토핑으로 쇠고기볼을 올려 완성한다.

TIP

구운 타르트 시트에 으깬 단호박을 채울 때 소복이 가득 채워야 케이크 모양이 예쁘게 나옵니다. 단호박 대신 고구마나 감자퓨레를 사용해도 좋습니다.

17 오리고기 케이크

• 오리안심 100g, 당근 25g, 브로콜리 25g, 박력쌀가루 50g, 달걀 1개, 오일 30g, 물 20ml

1 볼에 오일과 달걀을 넣고 잘 섞는다.
2 오리안심, 당근, 브로콜리는 작게 다진다.
3 볼에 다진 재료를 넣은 후, 박력쌀가루, 물을 넣고 반죽한다.
4 빵틀에 오일을 바른 후 반죽을 채워준다.
5 170도로 예열한 오븐에서 25-30분 정도 굽는다.

TIP

빵틀에 반죽을 넣기 전 오일을 바를 때 꼼꼼히 발라야 구운 후 잘 떨어집니다. 너무 흥건히 오일을 바르면 오븐에서 오일이 부글부글 끓어요.

APPLE
FLOWER
CAKE

18 애플 플라워 케이크

- 케이크 반죽: 박력쌀가루 140g, 달걀 1개, 무염버터 50, 사과 100g, 시나몬 1t
  토핑: 사과 2개, 무염버터 15g, 레몬즙 30g, 올리고당 10g

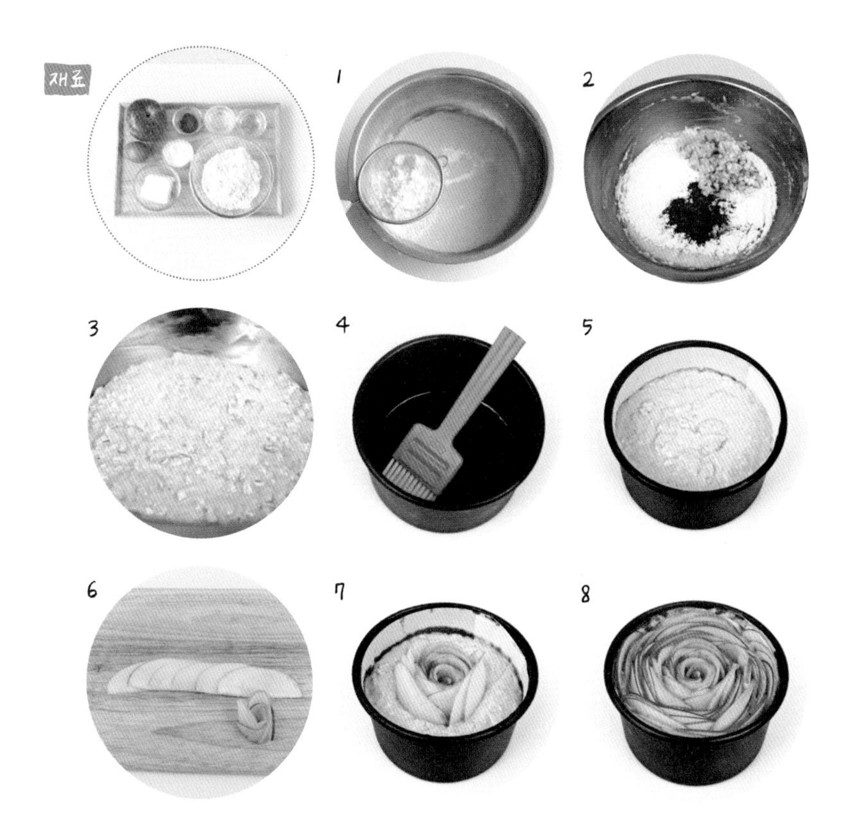

1 실온에 둔 반죽용 버터, 달걀과 오일을 넣어 잘 섞는다.
2 섞은 재료에 박력쌀가루를 체쳐서 넣고 고루 섞는다.
3 시나몬 파우더와 사과를 다져서 넣고 가볍게 섞는다. 케익팬에 반죽을 넣는다.
4 토핑용 사과는 슬라이스하여 나머지 토핑용 재료와 함께 전자레인지에 30초 정도 가열한다.
5 가열한 반죽 위에 사과를 돌돌 말아 장미 모양으로 올려준다.
6 170도로 예열한 오븐에서 40분간 굽는다.

TIP

슬라이스한 사과는 전자렌지에서 오래 가열 시 흐물거려 예쁜 꽃잎 모양을 만들 수 없습니다. 반죽에 꽂아준다는 느낌으로 돌려가며 올려주세요.

SALMON PIZZA

19 연어 피자

- 피자 도우: 쌀가루 100g, 우유 30ml, 버터 5g, 달걀 1개
  필링: 고구마 2개
  토핑: 연어 300g, 브로콜리 40g

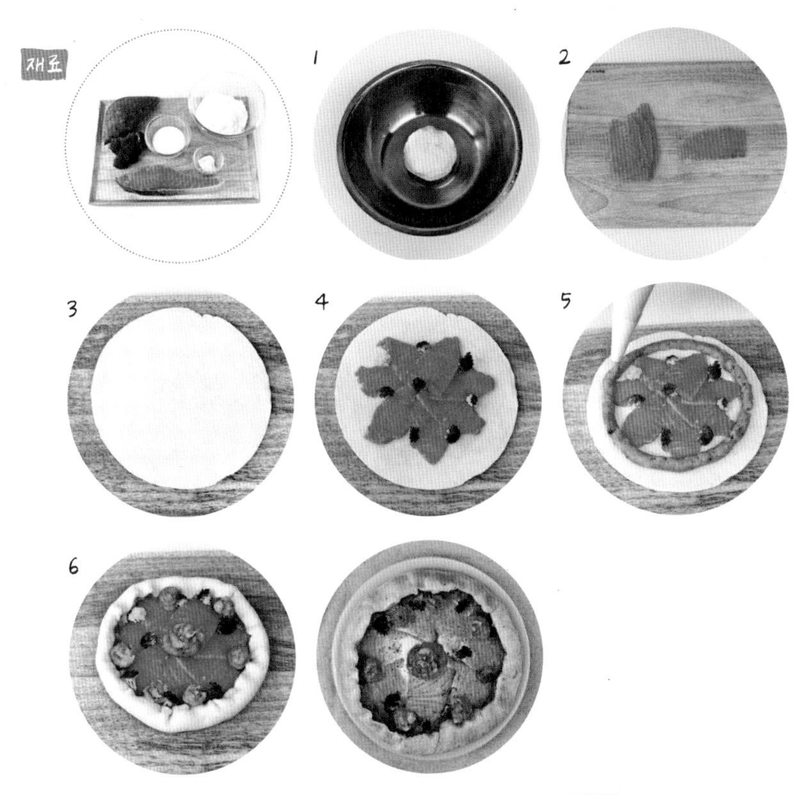

1 고구마는 쪄서 으깬 다음, 짤주머니에 넣어 둔다.
2 연어는 슬라이스하고, 브로콜리는 작게 자른다.
3 피자 도우 재료를 잘 섞어 반죽을 만든다.
4 반죽 두께를 3mm정도 되도록 밀대로 밀어, 동그랗게 피자모양으로 만든다.
5 피자도우 가장자리에 고구마 무스를 짜주고, 반죽을 덮어 꾹꾹 눌러준다.
6 준비해둔 연어와 브로콜리를 토핑해준다.
7 180도로 예열한 오븐에서 25분 정도 굽는다.

TIP

보통 피자 도우는 밀가루에 이스트를 넣어 발효시키나, 반려동물은 발효 시킨 빵이 배속에 가스를 차게 할 수 있어 발효시키지 않습니다. 발효과정이 없으면 구운 후 도우가 딱딱해 질 수 있으니 주의해주세요.

COTTAGE
CHEESE

20 코티지 치즈

- 락토프리 우유 400ml, 식초 40g 혹은 레몬즙

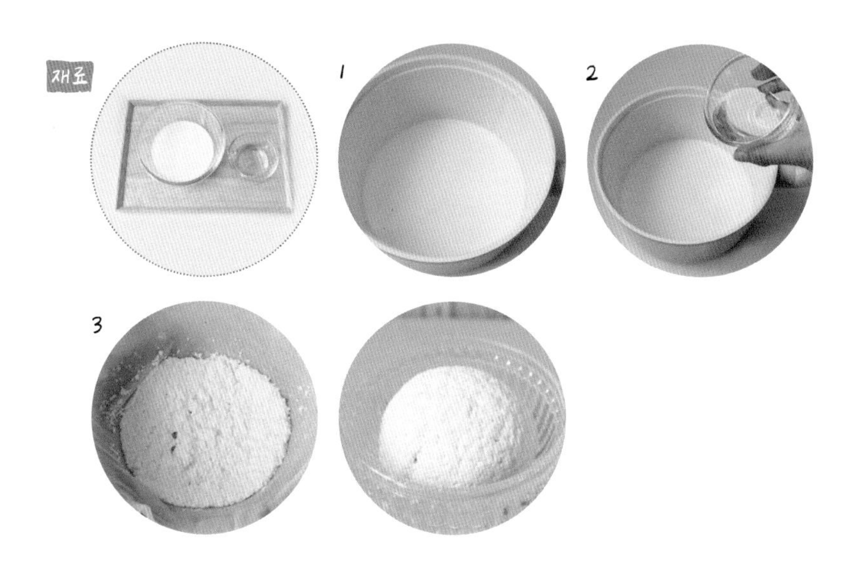

1 냄비에 우유를 넣고 나무주걱으로 저어주며 센 불에서 끓인다.
2 기포가 생기고 끓기 직전에 약불로 줄이고, 식초를 넣는다.
3 우유를 저으면서 몽글몽글 우유가 뭉쳐지면 불을 끈다.
4 채에 면보를 올리고 우유를 부어 물기를 제거해준다.

TIP

우유의 유당을 분해하지 못하는 반려동물이 많아요. 우유는 칼슘과 단백질을 다량 함유한 완전식품이기 때문에 포기하기 어렵죠. 그럴 때 코티즈 치즈를 만들어서 건강보조제로 활용하기도 하고 케익이나 머핀을 만들 때 토핑 재료로 활용하기도 합니다.
반려동물 자연식, 간식을 만들 때 자주 활용하는 재료입니다.

MANGO ICECREAM

21 망고 아이스크림

• 냉동망고 300g, 무가당 요거트 100g

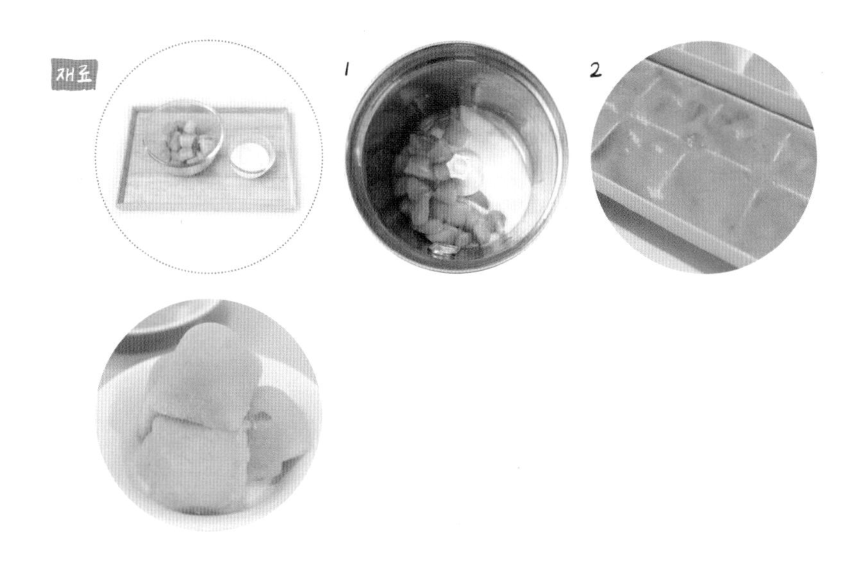

1 믹서기에 분량의 망고와 요거트를 넣고 잘 갈아준다.
2 스무디 형태로 바로 먹여도 좋고, 아이스크림 틀이나 얼음곽에 넣어 얼린다.

TIP

반려동물도 여름에 더위를 많이 타요, 털을 한가득 안고 있어 더위에 약하죠, 더위에 지친 반려동물에게 아이스크림은 정말 꿀맛입니다.
다만, 당도가 너무 높은 일반 아이스크림을 먹으면 비만이 되기 쉬워, 집에서 과일이나 요거트를 이용해서 손쉽게 만들 수 있습니다.

HIPETSCHOOL

우리 아버지는 일이 끝나면 친구분들과 집 앞 시장골목 끝자락, 순댓국집에서 순댓국 한 그릇에 그날의 피로를 푸시곤 했죠.
순댓국집 사장님께 우리 진숙이가 얼마나 똑똑한지 예쁜 짓을 한다며 자식 자랑하기에 여념이 없었지요.
그때 마침 제가 우리 진돗개를 데리고 산책을 위해, 그 순댓국 집 앞을 지납니다.
아버지는 반갑게 인사하며, 순댓국 사장님께 소개하지요.
"여기는 우리 큰딸, 그리고 우리 막내딸 진숙이!"
사장님은 **"진숙이가 진돗개였어요?"** 하시며 당황합니다.

사람들의 외로움과 허전함을 달래주는 반려동물, 그들은 이제 우리의 가족이 되었습니다.
고령화, 만혼, 이혼, 저출산, 자녀 출가 등의 이유로 1~3인의 소형가족이 증가함에 따라, 반려동물은 외로움과 허전함을 달래줍니다.
그래서 Pet(펫)과 Family(패밀리)가 만나 펫팸족이라는 단어가 나올 정도지요.
하이펫스쿨은 사람과 반려동물과의 평화로운 공존을 위한 공간이며,
그들을 위해 혹은 나의 여가시간을 즐기기 위한 공간이기도 하고,
더 나아가 직업 혹은 창업의 기회까지도 공유할 수 있는 공간입니다.

QR코드를 스캔하시면 하이펫스쿨에서 제공하는
'반려동물 집밥 만들기'를 보실 수 있습니다.

하이펫스쿨 소개

- 반려동물 콘텐츠 교육
- 펫푸드스타일리스트, 펫베이커리전문가, 펫패션전문가, 펫아로마전문가, 펫시터전문가 자격증 교육
- 반려동물의 건강한 먹거리에 대해 고민하며 레시피 개발
- 100세 시대 반려동물과 함께 하기를 위한 반려인들의 창업교육
- 펫샵창업, 반려동물 카페 창업, 애견유치원, 운동장 창업, 펫아로마테라피 등 교육

www.hipetschool.com

http://blog.naver.com/hipetschool

https://www.instagram.com/hipetschool (@hipetschool)

https://www.youtube.com/channel/UCWDxiYwV-cNIULLycGZ4zfQ

김수정 하이펫스쿨 대표
하이펫스쿨 협동조합 이사장
한국건강한반려동물협회 협회장
건국대학교 농축대학원 응용수의학 석사과정
국민대학교 국제경영전략전공 경영학 박사
서울호서전문 애완동물학과 외래교수
(전) 국민대학교 경영학부 외래교수

박슬기 반려동물 수제간식 교육, 식품영양학, 푸드스타일리스트 전공

허지혜 반려동물 수제간식 교육, 온라인 창업 교육, 펫아로마테라피

이승미 반려동물 수제간식 교육, 반려동물 간호사

History

하이펫스쿨 연혁

2014년 8월 하이펫스쿨 전신 "엄니보따리" 농산물 쇼핑몰 오픈
하이펫스쿨 교육 기획

2016년 7월 마포구 대흥동으로 이전, 하이펫스쿨 강의실 오픈
반려동물 수제간식 창업교육, 펫푸드스타일리스트 자격증 교육

2017년 3월 단미사료제조업 설립, 수제간식 납품사업 개시
5월 농업진흥청, 원주시, 2017년 농가형 반려동물 펫푸드 상품화 체험시범, 컨설팅
5월 반려동물 동반 카페 " 마포다방 " 오픈
8월 "한국건강한반려동물협회" 설립
도서 " 반려동물 집밥레시피 " 출간
10월 수원여성의 전화, 모모이, 여성지원프로그램, 펫푸드스타일리스트 자격증교육
11월 서울시-관악구 상향적일자리지원사업, 관악여성인력개발센터,
"펫시터양성 과정" 기획 및 교육 1기수
12월 사명 "엄니보따리"에서 "하이펫스쿨" 로 변경

2018년 3월-11월 서울시-관악구 상향적일자리지원사업, 관악여성인력개발센터,
"펫시터양성과정" 기획 및 교육 총 4기수
5월 용인시 기흥노인복지관 - 2018년 경기도 일자리 초기 투자비 지원사업, 펫푸드창업교육
6월 하이펫스쿨, 마포다방 함께 서교동 홍대입구앞으로 이전
9월 강아지 미용실 "마포살롱" 오픈
11월 도서, "반려동물 집밥 레시피" 대만판 "犬貓的鮮食天堂" 출간

2019년 3월 서울시-관악구 상향적일자리지원사업, 관악여성인력개발센터,
"펫시터양성과정" 기획 및 교육
3월-11월 서대문구상향적일자리지원사업, 서대문여성인력개발센터,
"펫시터양성과정" 기획 및 교육 총 3기수
5월, 9월 서울시-관악구 상향적일자리지원사업, "반려동물산업 창업 교육과정" 교육
10월 하이펫스쿨 온라인 이러닝 수업 강좌 오픈

2020년 1월 도서 "반려동물집밥레시피 : 두 번째이야기 " 출간

2020년 3월-12월 동작구청 일자리지원사업, "펫시터 심화 · 전문가 양성 과정" 위탁운영,
펫푸드스타일리스트 · 펫패션전문가 과정 기획 및 교육

2020년 5월-10월 서대문햇살아래장애인자립생활센터, 2020년 장애인의 반려견 돌봄 교육프로그램 "함께 하개" 교육

2020년 7월 마포구 연남동 이전, 학원설립을 위해 "마포다방, 마포살롱" 잠정휴업

2020년 9월 서울호서전문학교, 반려동물계열 하이펫스쿨 강사 교수초빙

2020년 10월 용인시 청소년 어울림 마당, 펫푸드 진로체험 특강

2021년 1월 교육청인가, "하이펫스쿨 반려동물수제간식학원" 설립

하이펫스쿨 반려동물수제간식학원

- 펫푸드스타일리스트 자격증
- 펫베이커리전문가 자격증
- 반려동물수제간식창업 교육

민간자격 제2018-002613호

펫푸드스타일리스트

펫푸드스타일리스트 자격증반 은
하이펫스쿨의 가장 기본 교육 과정으로,
취미부터 전문가 과정까지 체계적으로 배울 수 있는 교육과정입니다.
펫푸드스타일리스트 자격증은 한국건강한반려동물협회에서 발급하는 민간자격증입니다.

펫푸드스타일리스트를 만든 하이펫스쿨의 교육 과정은 다릅니다.

최근에는 펫푸드 전문가를 '펫푸드스타일리스트' 라고 부르는 것이 일반화되었지만,
처음 하이펫스쿨이 펫푸드 교육을 시작할 때만 해도 세상에 없던 용어였습니다.
2014년 하이펫스쿨을 시작하며, 반려동물의 건강한 삶을 위해
영양과 맛을 생각한 바른 먹거리를 연구하는 이들을 더욱 돋보이게 할 수 있도록
'펫(pet)'과 '푸드스타일리스트(foodstylist)'라는 단어를 접목하여
'펫푸드스타일리스트'라는 단어를 만들었습니다.
또한 민간자격 등록을 하고, 전문가 육성 교육 과정을 체계화했습니다.
수년간 반려동물을 위한 식이요법과 다양한 레시피 연구에 힘써온 하이펫스쿨에서
펫푸드의 A부터 Z까지 차근차근 배워나갈 수 있습니다.

유사 자격증에 주의하세요!

펫푸드스타일리스트는 하이펫스쿨과 한국건강한반려동물협회의 펫푸드자격증의 고유대명사이며 지적재산권입니다.
한국건강한반려동물협회 이외의 펫푸드스타일리스트 자격증은 유사업체가 이름만 베껴 만들어낸 것이며
본래의 '펫푸드스타일리스트' 자격증과는 무관하다는 점을 꼭 확인하셔서 피해 입지 않으시기를 바랍니다.

since 2014

반려동물의 바른 먹거리를 연구해온 하이펫스쿨에서
배워야 제대로 배웁니다.

펫푸드스타일리스트

펫푸드스타일리스트

무엇을 배울까?

펫푸드스타일리스트 강의 구성

펫푸드에 관심 있는 분이라면 누구나	펫푸드스타일리스트 2급 자격증을 취득한 사람이라면	펫푸드스타일리스트 1급/2급 강사로 활동하고 싶다면
펫푸드스타일리스트 **2급**	펫푸드스타일리스트 **1급**	펫푸드스타일리스트 **슈퍼바이저**

REFERENCE

도쿠에지요코 감수, 『식품보존방법』, 성안당.

강명곤 외, 『개와 고양이 영양학』, 삼보.

신재용 외, 『음식 동의보감』, 학원사.

정천용 · 김유용, 『가축영양학』, 한국방송통신대학교출판부.

김유용 · 이효원 · 하종규 · 한인규, 『사료학』, 한국방송통신대학교 출판부.

구재옥 · 임현숙 · 정영진, 『영양학』, 한국방송통신대학교출판부.

린정이 · 천첸원, 『야옹야옹 고양이 대백과』, 도도.

김태희, 『고양이맘마』, 니들북.

오카모토 우카 외 2 감수, 『직접 만들어 함께 먹는 우리 강아지 자연식』, 뜰북.

리처드 H. 피케른 · 수전 허블 피케른, 『개고양이 자연주의 육아백과』, 책공장더불어.

Home-Prepared Dog and Cat Diets, Second Edition Apr 20, 2010. by Patricia Schenck.

Canine and Feline Nutrition: A Resource for Companion Animal Professionals, 3eJun 4, 2010. by Linda P. Case and Leighann Daristotle.

The Healthy Homemade Pet Food Cookbook: 75 Whole-Food Recipes and Tasty Treats for Dogs and Cats of All Ages Oct 1, 2013.

The Animal Wellness Natural Cookbook for Dogs Paperback - April 30, 2014.

Raw dog food diet recipes, Whitney Bryson.

The Barf Diet: Raw Feeding for Dogs and Cats Using Evolutionary PrinciplesJan 1, 2001. by Ian Billinghurst.

반려동물 집밥 레시피 –강아지와 고양이를 위한 자연식, 수제간식–

초판발행 2017년 8월 31일
초판6쇄발행 2023년 8월 7일

지은이 하이펫스쿨
펴낸이 노현

편 집 배근하
기획/마케팅 김한유
표지디자인 권효진
제 작 고철민·조영환
스타일링 박슬기
사 진 허지혜

펴낸곳 ㈜피와이메이트
서울특별시 금천구 가산디지털2로 53 한라시그마밸리 210호(가산동)
등록 2014.2.12. 제2018–000080호
전 화 02)733–6771
f a x 02)736–4818
e-mail pys@pybook.co.kr
homepage www.pybook.co.kr
ISBN 979–11–88040–12–4 03490

정가 12,500원

박영스토리는 박영사와 함께하는 브랜드입니다.